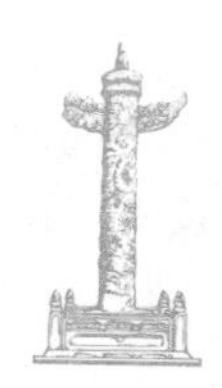

中国自然遗产

中华少年信仰教育读本编写委员会/编著

信仰创造英雄　信仰照亮人生

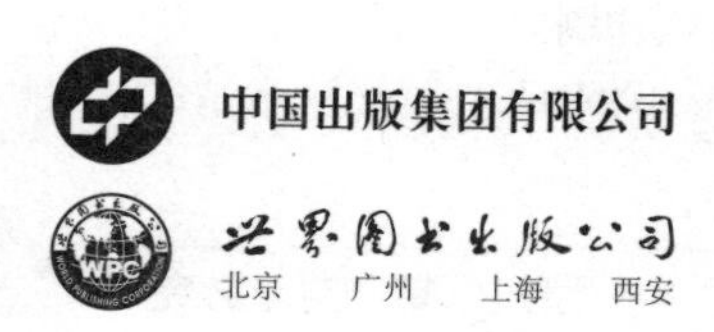

图书在版编目（CIP）数据

中国自然遗产 / 中华少年信仰教育读本编写委员会编著 . — 北京 : 世界图书出版公司 , 2016.5（2024.5 重印）
ISBN 978-7-5192-0869-1

Ⅰ. ①中…　Ⅱ. ①中…　Ⅲ. ①自然保护区—中国—青少年读物②文化遗产—中国—青少年读物　Ⅳ. ① S759.992-49 ② K203-49

中国版本图书馆 CIP 数据核字（2016）第 049056 号

书　　名　中国自然遗产
　　　　　ZHONGGUO ZIRAN YICHAN

编　　著　中华少年信仰教育读本编写委员会
总 策 划　吴　迪
责任编辑　尹天怡
特约编辑　张劲松

出版发行　世界图书出版有限公司北京分公司
地　　址　北京市东城区朝内大街 137 号
邮　　编　100010
电　　话　010-64033507（总编室）　（售后）0431-80787855　13894825720
网　　址　http：//www.wpcbj.com.cn
邮　　箱　wpcbjst@vip.163.com
销　　售　新华书店及各大平台
印　　刷　北京一鑫印务有限责任公司
开　　本　165 mm × 230 mm　1/16
印　　张　12.5
字　　数　163 千字
版　　次　2016 年 8 月第 1 版
印　　次　2024 年 5 月第 5 次印刷
国际书号　ISBN 978-7-5192-0869-1
定　　价　48.00 元

序　言

信仰是什么?

列夫·托尔斯泰说:“信仰是人生的动力。”

诗人惠特曼说:“没有信仰,则没有名副其实的品行和生命;没有信仰,则没有名副其实的国土。”

信仰主要是指人们对某种理论、学说、主义或宗教的极度尊崇和信服,并把它作为自己的精神寄托和行动的榜样或指南。信仰在心理上表现为对某种事物或目标的向往、仰慕和追求,在行为上表现为在这种精神力量的支配下去解释、改造自然界和人类社会。

信仰,是一个人在任何时候都不能丢的最宝贵的精神力量。人有信仰,才会有希望、有力量,才会树立正确的价值观,沿着正确的道路前行,而不至于在多元的价值观和纷繁复杂的世界中迷失方向。

信仰一旦形成,会对人类和社会产生长期的影响。青少年是社会的希望和未来的建设者,让他们从普适意识形成之初就接受良好的信仰教育,可以令信仰更具持久性和深刻性,可以使他们在未来立足于社会而不败,亦可以使我们的伟大祖国永远立于世界民族之林。

事实上,信仰教育绝不是抽象的、概念化的教育,现实生活中,我们有无数可以借鉴的素材,它们是具体的、形象的、有形的、活生生的，甚至是有血有肉的。我们中华民族有着几千年的辉煌历史，多少仁人志士只为追求真理、捍卫真理，赴汤蹈火，前仆后继；多少文人骚客只为争取心中的一方净土，只为渴求心灵的自由逍遥，甘于寂寞，成就美名；多少爱国志士只为一个“义”字，不惜抛头颅、洒热血。他们如滚滚长江中的朵朵浪花，翻滚激荡，生生不息，荡人心魄。如果我们能继承和发扬这些精神和信仰，用“道”约束自己的行为，用“德”指导人生的方向，那么我们的文明必将更加灿烂，我们的国运必将更加昌盛。

正基于此，“中华少年信仰教育读本系列丛书”应运而生。除上述内容外，本丛书还收录了中国人民百年来反对外来侵略和压迫，反抗腐朽统治，争取民族独立和解放，前赴后继，浴血奋斗的精神和业绩，尤其是中国共产党领导全国人民为建立新中国而英勇奋斗的崇高精神和光辉业绩；不仅有中国历史上涌现出的著名爱国者、民族英雄、革命先烈和杰出人物，还有新中国成立以后涌现出的许许多多的英雄模范人物。

阅读这套丛书，能帮助青少年树立自己人生的良好的偶像观，能帮助青少年从小立下伟大的志向，能帮助青少年培养最基本的向善心，能帮助青少年自觉调节自己的行为，能帮助青少年锁定努力的方向，能帮助青少年增加行动的信心和勇气。

习近平总书记说:“人民有信仰，民族才有希望，国家才有力量。”因此我们有理由相信：少年有信仰，国家必有希望。

中华少年信仰教育读本编写委员会

目录

第一章　东　北 / 001

大兴安岭 / 001

扎龙自然保护区 / 003

五大连池 / 005

净月潭 / 007

长白山 / 008

松花湖 / 011

千　山 / 013

金石滩 / 015

盘　山 / 017

青山沟 / 018

赛罕乌拉自然保护区 / 021

达赉湖 / 023

锡林郭勒草原 / 025

第二章　西　北 / 027

呼伦贝尔草原 / 027

喀纳斯湖 / 028

茶卡盐湖 / 030

艾丁湖 / 032

南山自然风景区 / 033

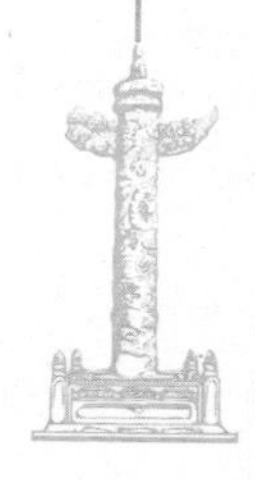

天山天池 / 035
沙坡头自然保护区 / 037
贺兰山 / 038
六盘山 / 040
可可西里 / 042
青海湖 / 045
焉支山 / 046
崆峒山 / 047
月牙泉 / 049
华　山 / 051
佛坪自然保护区 / 053
黄　河 / 054
第三章　西　南 / 057
长　江 / 057
长江三峡 / 059
九寨沟 / 061
香格里拉 / 064
珠穆朗玛峰 / 065
雅鲁藏布大峡谷 / 068
黄龙自然景区 / 070
墨脱自然保护区 / 072
贡嘎山 / 074
峨眉山 / 076
卧龙自然保护区 / 078
稻城亚丁 / 080
四姑娘山 / 082
黄果树瀑布 / 084
缙云山 / 085
梵净山 / 087
花　溪 / 089

三江并流 / 091
梅里雪山 / 092
石林风景区 / 094
西双版纳 / 096
虎跳峡 / 098
洱　海 / 100
高黎贡山 / 102

第四章　华北、华中 / 104

恒　山 / 104
五台山 / 106
太行山 / 108
坝上草原 / 109
野三坡 / 111
白洋淀 / 113
石花洞 / 114

第五章　华东、华南 / 117

神农架 / 117
泰　山 / 119
大泽山 / 122
嵩　山 / 123
崂　山 / 124
王屋山 / 127
黄　山 / 129
天柱山 / 131
琅琊山 / 134
青龙峡 / 136
钟　山 / 139
太　湖 / 141

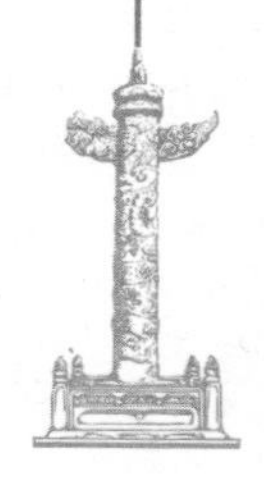

云台山 / 143
武当山 / 145
洞庭湖 / 146
武陵源 / 148
衡　山 / 150
张家界 / 153
车八岭 / 155
鄱阳湖 / 156
庐　山 / 158
富春江风景区 / 160
雪窦山 / 162
楠溪江 / 164
西　湖 / 166
雁荡山 / 168
冠豸山 / 170
武夷山 / 172
日月潭 / 173
野柳风景区 / 175
漓　江 / 176
阿里山 / 178
阳朔山水 / 180
桂平西山 / 182
丹霞山风景区 / 183
海南岛 / 185
鼎湖山 / 187
东寨港红树林 / 189

第一章 东北

大兴安岭

大兴安岭民谚有“棒打狍子瓢舀鱼，野鸡飞到饭锅里”一说。可见大兴安岭的野生动物资源是多么丰富。

大兴安岭，也被叫作“西兴安岭”，是与“东兴安岭”相对而言的。此地位于祖国最北部边陲，属黑龙江省，与内蒙古东北部接壤。大兴安岭北起黑龙江岸，南到西拉木伦河上游，面积 8.46 万平方千米。平均海拔 1200—1300 米，最高峰达 2035 米。山脉北段较宽，达 306 千米，南段仅宽 97 千米。大兴安岭大部分为火成岩，地表平滑，山顶浑圆，山坡较平缓。山脉东坡被嫩江及松花江的许多支流深深地切割。

大兴安岭是中国重要的林业基地之一，有茂密的原始森林，主要树木有兴安落叶松、樟子松、红皮云杉、白桦、蒙古栎、山杨等。大兴安岭被誉为“仅存的一块净土”，覆盖着稠密的森林，素有“绿色

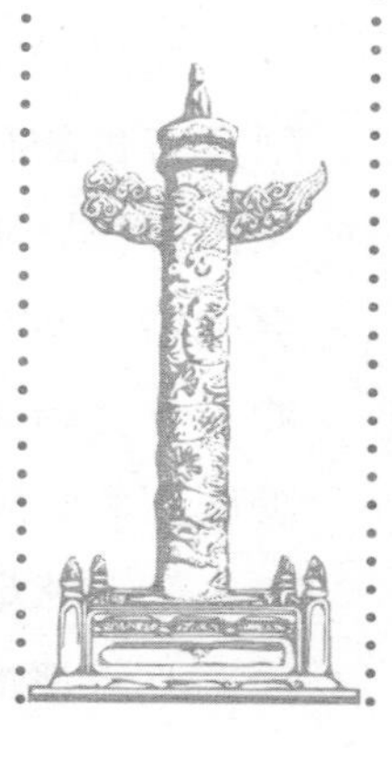

宝库”之美誉。林地有730万公顷，森林覆盖率达74.1%。在浩瀚的绿色海洋中，生长着寒温带马鹿、驯鹿、驼鹿（犴达犴）、梅花鹿、棕熊、紫貂、飞龙、野鸡、榛鸡、天鹅、獐、麋鹿（俗称狍子）、野猪、乌鸡、雪兔等各种珍禽异兽400余种，野生植物1000余种，成为中国高纬度地区不可多得的野生动植物乐园。

在千山万壑间纵横流淌着的甘河、多布库尔、那都里、呼玛、额木尔等20多条大小河流，最终注入了边陲人民的母亲河——黑龙江。这里盛产鲟鳇鱼、哲罗、细鳞、大马哈鱼、江雪鱼等珍贵的冷水鱼类，用“棒打狍子瓢舀鱼，野鸡飞到饭锅里”来形容这里的野生动物资源实不为过。

大兴安岭冬季漫长，夏季高温短暂，昼夜温差大，所以形成了别具特色的自然风光。大兴安岭一年四季都有不同的景观。冬天，飞雪千里，大地一片苍茫。有时气温会达到零下40 ℃，河水却不会冻结，始终潺潺流淌，散发出的白气在山谷间弥漫开来。夏日，岭上林莽蔚为壮观，万木成阴，百花飘香，遮天蔽日的大森林是避暑度假和领略极夜美景的理想胜地。秋天的时候，大兴安岭的各种树木都在炫耀自己的“秋装”，绿、红、黄、橙、紫等绚烂的色彩，让人心旷神怡，此时的大兴安岭又被冠之以“五花山”的美名。

在大兴安岭北麓，有一个地理位置极其特殊的地方，这就是闻名遐迩的漠河县。它位于黑龙江上游南岸，是中国极北边陲之地，面积1.85万平方千米，明朝时属木河卫，1981年正式命名为漠河县。由于此地是中国最北端的高纬度地区，所以拥有很多独特的自然景观，如北极光、白夜等，让人恍若身处北极的冰天雪地中。每年的夏至日也是漠河县的北极光节。每到这一天，漠河县的北极光村会吸引无数的中外游客，他们会点燃篝火，观赏奇幻的北极光，度过难得的白夜。

巍巍兴安岭，积翠大森林。站在高处眺望大兴安岭的林海，你会惊叹森林的壮丽，这是大自然无私的馈赠，是我们人类共同的财富。

扎龙自然保护区

扎龙自然保护区一片青绿，溪流纵横交错，湖泊星罗棋布，苇草茂密摇曳。

扎龙自然保护区，位于黑龙江省西部，乌裕尔河下游，齐齐哈尔市及泰来县交界处，距离齐齐哈尔市区30千米。扎龙自然保护区属北温带大陆性季风气候，是同纬度地区景观最原始、物种最丰富的湿地自然综合体。保护区南北长65千米，东西宽37千米，总面积21万公顷，其中核心区7万公顷，缓冲区6.7万公顷，实验区7.3万公顷，由乌裕尔河下游流域一大片永久性季节性淡水沼泽地和无数小型浅水湖泊组成，湿地的周围是草地、农田和人工鱼塘。

扎龙自然保护区一片青绿，溪流纵横交错，湖泊星罗棋布，苇草茂密摇曳。从小兴安岭发源的乌裕尔河，流到这里却陡然失去了明显的河道，成了名副其实的“无尾河”。河水在这广阔的草甸子上蔓延开来，形成大面积沼泽、草甸和小湖泡。

扎龙自然保护区芦苇沼泽广袤辽远，湖泊星罗棋布，环境幽静，风光绮丽，水草肥美，鱼虾丰富，适合于各种水禽繁殖栖息。这里是鸟类繁衍的“天堂”。保护区内栖居鸟类150多种，其中鹤的种类多，数量大，颇为世人瞩目，素有“鹤的故乡”之称。这里还是丹顶鹤的乐园。

扎龙自然保护区主要是保护湿地及国家级保护动物丹顶鹤等野生动物栖息的地方，横跨二区四县。该湿地就是河水漫溢而成的一大片永久性弱碱性淡水沼泽区，许多小型浅水湖泊和广阔的草甸、草原组成了这片宝贵的湿地。沼泽地最大水深0.75米，湖泊最大水深达5米。

该区生息繁衍着的鱼类有46种，鲫鱼最为丰富；昆虫类达277种；兽类21种，包括狼、赤狐、狍、獾和黄羊等；两栖类有中国林蛙、黑斜线蛙、列斑雨蛙、花嘴蟾蜍；爬行动物有3种，包括蜥蜴、淡水龟等；鸟类260种，其中丹顶鹤、白枕鹤、白头鹤、闺秀鹤、白鹤和灰鹤均为国家重点保护的一级、二级动物。

每年4—5月份，200多只丹顶鹤，以及其他水禽来此处栖息繁衍。白鹤数量近 1000 只，来此栖息逗留后继续北迁至俄罗斯境内，为迁徙性停息鸟。

芦苇沼泽是丹顶鹤的主要栖息地。芦苇高达 1—3 米，人类难以进入，为这些珍贵水禽的生存和繁衍创造了条件。在这里栖息的野生经济鸟类每年繁殖数量达 10 万只以上。

五大连池

五大连池保护区内有珍稀濒危植物 47 种，如石竹、钝叶瓦松、红皮云杉、野生大豆等。野生动物有 55 科 121 种，其中麋鹿、黑熊、丹顶鹤、水獭等都是国家二级保护动物。

五大连池，位于黑龙江省德都县北部，小兴安岭西侧，讷谟尔河的支流白河上游。因有 5 个呈串珠状排列的湖泊，所以叫作五大连池，曾荣获世界“地质公园”“世界生物圈保护区”两项世界级桂冠，9 项国家级荣誉称号。五大连池周围分布着 14 座拔地而起的孤山，一个个山头都是平顶圆锥形，远近相望，排为两列。这就是中国著名火山胜地之一五大连池火山群。

这 14 座孤山，都是火山喷发时形成的火山锥，距今已有 200 多万年，被誉为“天然火山博物馆”。它们的顶部是火山口，形如漏斗状、盆状，或是向一面开口的圈椅状。与火山口底相接的是早已被堵塞了的岩浆通道。当火山喷发时，熔岩流、火山碎屑物等物质，就是经由这一通道到达地面的。

火山锥的外围，往往是坡度较缓的盾形台地，越向外地面越趋平缓，或者微有波状起伏。这表明：火山喷发时，炽热的岩浆冲破地壳薄弱部分上涌，其中一部分随着岩浆中高压气体的爆发被抛到空中，然后降落下来，堆积成锥。大量的、多次的火山碎屑物质如火山弹、岩渣等，不断堆积，使火山锥逐渐增高、变大，火山口也愈来愈高。另外一部分岩浆，则从火山锥侧方冲开缺口向外漫流，形成熔岩流，冷却凝固之后，往往构成上述的开阔平缓的熔岩台地。

本区熔岩台地东西最长36千米，南北最宽25千米，面积约600平方千米。五大连池火山群是第四纪更新世以来，多次火山喷发的产物。构成火山锥和熔岩流的火山岩，均属富钾的碱性玄武岩类。位于外围的12座火山锥及其周围的熔岩台地形成较早，已遭受长期风化，大部分有表土覆盖。唯有中部的两座火山，即老黑山和火烧山及其周围的熔岩流，因喷出时间较晚，原形几乎未受破坏，保存完整，岩石新鲜。在这一区域，壮丽的火山形迹跃然如初，典型的熔岩景观奇特似画，俨然构成一座天然火山博物馆。

特殊的火山地貌格局铸就了五大连池独特完整的火山自然生态系统。区内植物有143科428属1044余种，与同纬度地区相比，植物种类十分丰富。新期火山区的地衣苔藓群落、地衣蕨类群落、地衣草类群落、地衣灌丛、地衣疏林、苔藓落叶松林等奇妙地组合在一起。

老期火山区形成了杂类草甸草原、灌丛杂类草甸、森林草甸、落叶阔叶林、针阔叶混交林；低谷处形成了沉水植物群落、浮水植物群落、挺水植物群落、小叶章苔草沼泽、小叶章杂类草甸。据历史记载，老黑山这座火山锥及其熔岩流，是公元1719—1721年间喷发形成的，距今只有250多年。清《黑龙江外记》中有："墨尔根（今嫩江县）东南，一日地中忽出火，石块飞腾，声震四野，越数日火熄，其地遂成池沼。此康熙五十八年（公元1719年）事，至今传以为异。"这次火山喷发，堵塞河道成五个湖泊，即五大连池。

五大连池不仅火山独特，生物也具有多样性。复杂多样的火山熔岩地貌和特殊的环境条件孕育发展了五大连池独特、丰富而又完整的火山自然生态系统。五大连池保护区内有植物143科，428属，1044种，其中有珍稀濒危植物47种，如石竹、钝叶瓦松、红皮云杉、野生大豆等。野生动物有55科121种，其中珍稀动物有麋鹿、黑熊、丹顶鹤、水獭等国家二级保护动物。蝶类有7科80种，其中阿波罗蝶是世界珍贵的蝶类。

五大连池的生物多样性，在中国北方乃至北温带同纬度地区也极为罕见，更珍贵、更有价值的是它再现了地球生命由低等到高等演变的全部过程。各种生态系统相互关联、相互依存、相互制约，构成了一个不可分割的和谐统一的整体。五大连池地质公园是研究植物从无到有，从低级到高级，逐渐发展演化的最理想的生态学教学、科研基地，更是一本内容丰富的天然史书。

净月潭

净月潭气候四季分明，春可泛舟、垂钓、游泳；夏天这里又是避暑的绝佳之地；秋天江水碧透，层林尽染，天高云淡；冬日白雪初霁，千里冰封，潭水凝脂，银装素裹，一派北国风光。

净月潭，被人们誉为绿色明珠，素有台湾日月潭姊妹潭之称。净月潭位于长春市东南部，距离市区12千米，景区面积83平方千米，有水面4.3平方千米。这里森林覆盖率达58.6%，被誉为“亚洲第一大人工林海”。

净月潭景区包括净月潭国家重点风景名胜区、净月潭国家森林公园和净月潭旅游度假区。景区内自然风光旖旎、湖光山色景致迷人，是夏季避暑疗养、冬季进行冰雪运动的绝好去处。

净月潭周围群山环抱，似晶莹的宝石镶嵌在万绿丛中，潭旁为长白山余脉，山势起伏，层峦叠嶂，林木参天，芳草滴翠。潭北五道山梁连绵逶迤，像巨龙延伸。净月潭景区的森林幅员辽阔，有天然林、混交林和人工林，珍贵的红松林是净月潭森林之王，其他主要树种还有落叶松、黑松和樟子松等。

林海浩瀚，茂密如织，依山布阵，威武壮丽，构成了含有30个树种的完整森林生态体系。这里四季分明，春天可泛舟、垂钓、游泳；夏天是避暑胜地；秋天落叶婆娑，层林尽染，色彩斑斓，天凉好个秋；冬天白雪初霁，千里冰封，潭水凝脂，银装素裹，一派北国风光。

净月潭湖岸曲折多变，潭水衬托着青翠的群山，山村倩影倒映在潭水中，仿佛一幅漫无边际的泼墨画卷。净月潭虽无昆明湖雕琢之华贵，也不如西子湖巧设之精美，然而它拥有大自然造化的浑然本色，袒露着山野潭湖的真诚情愫。

目前，净月潭森林公园内的树林中有放养的梅花鹿、饲养的紫貂和种植的人参等，在潭中还种植了菱角、春莲，使得山野更野、湖色更秀。在风景区的绿树丛中所建的喷泉和优美的塑像群，设置均具有北方特色，还设置有近似雕塑的石亭、石凳等。

在净月潭森林的一角，另外又开辟了度假村和游乐园。在这里，夏季可以划船、钓鱼、游泳；冬季可以开展滑冰、滑雪、滑冰橇、扬冰帆等多项体育活动。净月潭风景名胜区的优美自然本色与丰富多彩的旅游活动强烈地吸引着广大游人慕名而来，尽享投身于大自然怀抱中的乐趣。

长白山

人生不上长白山，实为一大憾事。

——邓小平

长白山，又称白头山，因自每年秋初起至翌年春尽，山顶白雪不消，故名。长白山位于中国辽宁省、吉林省、黑龙江省和中朝边境地区，是松花江、图们江、鸭绿江的发源地。长白山是由于古老的褶皱山经过火山活动与河流切割而成的。山体由花岗岩、玄武岩、片麻岩构成，呈东北趋西南走向，包括白头山、完达山、穆棱窝集岭、老爷岭、张广才岭、吉林哈达岭、老岭等。

长白山南北伸展约1300千米，东西宽约400千米，略呈纺锤形状，一般山峰的海拔都在1000米以上，多火山遗迹，富有森林及矿藏，是中国重要的林业基地，经济林木达到80余种，尤以红杉最为著名。此外，这里还有东北虎、人参、紫貂、熊、美人松等珍贵动植物，为国家自然保护区。

长白山的主峰"白头山"海拔2891米，位于中朝边界上。著名的白头山天池，是火山口积水而成，它犹如明镜映照着瞬息万变的云雾和周围火山堆积而成的神奇山峰。山下一望无际的林海，时时涌来长白松涛。天池北口清流直下，形成高达68米的长白瀑布。

长白山脉南段，有一座别样美丽的千山。千山又名积翠山、千朵莲花山，顾名思义，是形容峰峦之多，植被之丰茂。它是由花岗岩构成的丘陵，主峰仙人台海拔708米。登峰俯瞰，千山叠翠如涌浪，令人陶醉。千山外秀内奇，茂林古松之下，奇特的花岗岩造型地貌，处处成景，早在唐代就有宗教胜迹，历经金、元、明、清的建设，千山成了东北地区佛教和道教的中心。寺观庙宇规模不很大，但巧妙地布置在各种景观环境中，为山色生辉，如无量观、龙泉寺、大安寺、香山寺等景点。

长白山自然保护区建于20世纪60年代，80年代正式对外开放。保护区围绕长白山顶和天池东、西、北三面的原始森林中心地带，在吉林省安图、抚松、长白三县境内，南部和东南部与朝鲜为邻，面积约为2000平方千米。

保护区内生态系统完整，植物种类繁多，具有从温带到寒带的典型景观特征。这里蕴藏着2200多种植物，其中高等植物1400余种，包括珍贵的中药材80余种，经济树木80余种；栖息着300余种动物，包括东北虎、紫貂、金钱豹、梅花鹿和黑熊等稀有动物；有鸟类280余种、昆虫2000余种，以及其他两栖类、爬行类和鱼类等。众多的野生动物在此繁衍生息，构成了一个典型的自然综合体。1980年，长白山自然保护区被列为世界自然保护地。它们是大自然为我们留下的不可多得的财富。

长白山的植物分布、气候、土壤、地形和地貌具有典型的山地火山岩景观特征。冬长寒冷、夏短温暖，天气多变。土壤主要由火成岩组成。地形、地貌奇特异常，群峰兀立，银光闪烁，峭壁峥嵘，林海茫茫，坡地连片，盆地累累，高低错落，各呈其美，加上明媚的湖泊、奔泻的瀑布、蒸气腾腾的温泉和五彩缤纷的沙砾散播其中，形成了一个完整的生态系统，构成了一幅既宏伟又妖冶妩媚的动人画卷。

每年6—9月为保护区的最佳旅游季节，其中7月、8月为赏花、观鸟、看天池的黄金季节，冬季是滑雪运动的良好时节。长白山现在已开展的旅游活动有徒步游览、写生、摄影、森林浴、植物浴、植物考察以及解天池怪兽之谜等等。

长白山众多旅游景点中以天池最为出名。它位于白头山顶，湖

面高2155米，水面为9.82平方千米，为新疆天山天池面积的一倍左右。湖面周长13.1千米，平均水深204米，最深达373米，蓄水量20.04亿立方米，是中国最深的湖。

天池为一泓火山口湖，是中朝两国的分界湖，状形如叶，略呈椭圆，四周有16座高山。因山头气候多变，湖面常常蒸气弥漫，瞬息万变的风雨雾霭缥缈如仙境。天池周围峭壁百丈，发源于天池的长白山瀑布从天池北口68米高的悬崖峭壁上飞流直下，溅起几丈高的水雾，十分壮观。瀑布水流为松花江的源头。天池周围有补天石、牛郎渡、金线泉、圆池、王池和小天池等胜景。

长白山温泉因长白山火山地下热源而形成，多集中在长白山瀑布脚下约900米处，占地千余平方米，终年涌流不息，水温为60—80℃，使得四周热气腾腾。各泉眼大小不一，有的大如碗口，有的细如指环。泉水中含有多种矿物质，把附近的岩石、沙砾染成了不同颜色，五彩斑斓，光怪陆离。现在温泉区已建成几座浴池向游客开放。人们游览长白山后，在温泉群建的“怡神浴”里可以浴身洗尘，享受“飞尘浴后一身轻”的乐趣。

松花湖

松花湖在幽静的峡谷和陡崖中曲折迂回，晶莹清澈。湖周奇峰异石、层峦叠嶂。满山松树苍翠，浅绿与深绿相间。山水一色，宛如仙境。

松花湖，位于吉林省吉林市东南，松花江上游，湖形狭长，最宽处10余千米，最深处达75米，最大蓄水量有110亿立方米，是一处以湖光山色、奇特的自然景观为主的风景名胜区。景区总面积约700平方千米，其湖面宽广，湖水面积达500平方千米。湖周植被繁茂，林木丰富，气候宜人。其中骆驼峰、北天门、五虎山、卧龙潭、石龙壁等景区的湖光山色最为秀美壮丽，适合开展各种水上、冰上、山上游览项目。

湖中鱼类、水族生物十分丰富，仅鱼类就达48种之多。在茫茫的林海中栖息着140余种野生动物和160余种野生经济植物，还出产著名的“东北三宝”（人参、鹿茸、貂皮）。另外，名胜区内有“西团山文化”、原始公社遗址等。

松花湖风景名胜区是一处兼有发电、灌溉、旅游等多种功能的风景名胜区。松花湖下游有雄伟的丰满电站大坝，拦腰切断松花江江水，形成一座山谷水库，水面沿原自然河道峡谷曲折延伸，长达200千米左右。湖水两岸为山谷。湖水在幽静的峡谷和陡崖中曲折迂回，晶莹清澈。湖周奇峰异石、层峦叠嶂。满山松树苍翠，浅绿与深绿相间。山水一色，宛如仙境。

春天，湖岸林木葱郁，湖光倒影，白帆点点，风光旖旎，可与太湖、洞庭湖媲美。

入夏，游人可击浪游泳，或晒日光浴，或乘船畅游湖面，或逆水上行20千米，登上五虎岛，或至观湖台垂钓，很是惬意；秋季天高气爽，沿湖岸40多座山峰披红结翠，各种景致一览无余；隆冬季节，雪铺山原，冰封湖面，山水一色，岸边玉树银花，可扬冰帆，乘坐雪爬犁滑雪，或入山狩猎，或凿冰捞鱼。

每逢下雪，沿江十里长堤上的冰雪树挂景观为国内所罕见，是松花湖景区的一大特色，同蓬莱海市蜃楼、钱塘海宁潮、峨眉宝光一起被誉为中国四大气象自然奇观。

冬日，这里的平均气温在零下20 ℃左右，松花湖结冰一米多厚，冰层下湖水川流。湖水从电站巨大的涡轮机组穿过入江，使水温升高，最冷的天气水温也在5 ℃左右。大坝下游100多千米的江面上冒着一股股蒸气，水面不结冰。傍晚或清晨，江面上更是雾气浮动。

树枝挂满霜花，毛茸茸的、亮晶晶的，恰似玉树琼花，形成各种形态：有的如蒲草、蒲棒，有的如傲雪的蜡梅；在细长柳条上的霜花，又像一条条银链；最美的要算结在松针上的霜花，那一簇簇银白色的针形叶子又细又长，略微弯曲，宛如怒放的银菊。沿江两岸，垂玉披银，犹如水晶宫殿、玻璃世界。

每年冬日伊始至翌年3月末，树挂时有出现，而树挂出现得最多、最好的时间是在一二月间。数九寒天，一般是日落后，江上雾起，小水珠结成冰晶，附挂在湖岸两旁的树枝上，次日日出，江上雾散，十里江堤现出一片冰树银花。树挂成因是：当地气温低，而江水水温高且不结冰，水蒸气大量上升，凝结在树梢，结成冰霜。每逢农历春节前后，是欣赏树挂的最佳时节。

千　山

“无峰不奇，无石不峭，无庙不古，无处不幽。”古往今来，千山以奇峰、岩松、古庙、梨花组成四大景观，一直是吸引游人的人间胜境。

千山，原名千华山，全称千朵莲花山，又称积翠山，因山峰总数为 999 座，其数近千，故名“千山”。千山是一处花岗岩体剥蚀低山丘陵，位于辽宁省鞍山市东南 25 千米处，为东北地区三大名山之一。景区内群山层峦起伏，山峻崖峭，形状万千。最高峰仙人台海拔 708 米。山上林木繁茂，有植物 800 多种，有珍贵的黑鹤等鸟兽近百种。风景名胜区的总占地面积约为 300 平方千米，其中主要游览区面积 44 平方千米，重点游览区面积 21 平方千米。千山景区集寺庙、山石、园林之胜于一体，山中奇峰迭起，塔寺棋布。

仙人台，又名观音峰，以丁令威在此得道成仙、驾鹤归来的传说而得名。登山远望，诸峰千姿百态，无限风光尽收眼底。古松参天迎风泻涛，怪石嶙峋星罗棋布，古洞宝塔云烟缭绕，湖光山色相映成趣。

仙人台峰奇、地险，峰头似蛇背，长 20 余米，宽 10 米，峰头西端，撅起一巨大石柱，呈四棱形，高 7 米，直径约 20 米，由东稍北倾斜，状如鹅头，故俗称鹅头峰。此峰西、南、北三面均为峭壁深渊，唯东面可行。明朝初年，工匠在峰顶大兴土木，将半球峰顶变成一平台，修建成仙人台。基石上刻有棋盘，周围安放八仙和南极寿星的石雕坐像，布陈为庆寿，弈棋行图。鹅头下峭壁上，有一佛龛，内有一尊半身观音菩萨浮雕。佛龛之上横刻“仙人台”三个篆字，系清光绪举人徐景涛所题。

千山的各个山峰争奇斗艳，像千万朵莲花含苞欲放。山上植被繁茂，四季景异，自古以来就有“无峰不奇，无石不峭，无寺不古”之誉。名胜区有四时之美：春天百花竞放，万紫千红；夏季浓荫铺径，凉气沁人；秋日金风送爽，百果飘香，霜林尽染；隆冬瑞雪锦绣，“银装素裹，分外妖娆”。

据传，千山自隋、唐以来即成为佛、道两教活动之地。目前，这里尚存不少寺庙道观建筑，还有辽、金以来的古塔、石碑、摩崖、题刻等名胜古迹多处，其中最负盛名的为祖越、龙泉、香岩、大安、中会五大禅林。明、清两代，千山中的道教达到极盛期，其宫观建筑发展到七寺、九宫、十庵、十二观。几经毁建后，现存20座寺庙道观。

千山奇石遍地，形状各异，像牛似马，若豹类猫，虎伏龙隐，豕突狮跃，栩栩如生。全山景点180多处，有“东北明珠”之称。

千山依其山势走向分为北、中、南和西南四个景观区。每个景观区各具特色，名胜甚多，有一步一景之说。北部景区山色秀丽，风景比较集中，且庙宇成群。其他三个景区，山势蜿蜒，涧深坡陡，丛林茂密，花草清香，古庙散落其间，显得雄奇、幽邃，有龙泉塔影、瓶峰晨翠、日夜螺峰、龟石仰天、蟠石龙松、象山晴雪等景。

金石滩

金石滩的石头比金子还要贵重，因为它是中国独一无二的，世界上极其罕见的，地球不可再生的。这是国内外地质学家所公认的事实。

金石滩，也叫作“海上石林”，在辽宁省大连市金州区，面积110平方千米。1988年8月1日，金石滩被中华人民共和国国务院定为“国家级风景名胜区”。

金石滩风景区距大连市市中心50千米，由山、海、滩、礁组成，是一处罕见的震旦系、寒武系地质景观。金石滩有完整多样的沉积岩，典型发育的沉积构造，丰富多彩的生物化石，是中国北方罕见的震旦系、寒武系地质景观。绵延20余千米的海岸线，浓缩了古生代距今约5亿到7亿年的地质历史。这里礁石林立，形状怪异，海光山色，是一处大自然鬼斧神工雕塑的神奇世界。

震旦纪、寒武纪的地质地貌、沉积岩石、古生物化石形成了近百个景点，各种海蚀岸、海蚀洞、海蚀柱，千姿百态，“石猴观海”“大鹏展翅”“恐龙探海”等栩栩如生，被专家学者称为“海上石林”“天然的地质博物馆”“凝固的动物世界”，其中龟裂石形成于6亿年前。奇特的地质景观被誉为中国独一无二的、世界极其罕见的、地球不能再生的“神力雕塑公园”。同时这里也是中国北方最理想的海滨旅游度假胜地之一。

金石滩风景区海陆面积约110平方千米，其中陆地面积56平方千米。整个景区由山、海、滩、礁组成，中部为大海湾，东、西各是一个小半岛。蚀崖、溶沟、石牙、溶洞等多种海蚀造型地貌，形成一个天然的海滨雕塑公园。“玫瑰园”“龙宫奇景”“南秀园”“鳌滩”四大景区50多处自然景色，令人叫绝。大自然用层颜叠彩砌成的谜一样的高墙，恰似抽象派艺术，神力塑造的无数各具形态的飞禽走兽仿佛是一个凝固的动物世界，可供人们观赏游览，进行地质科研活动。

玫瑰园景区有古代藻类化石沉积而成的岩石群，赤橙黄绿青蓝紫，七彩俱全。海滨石林，由百余块橘红色的巨大奇石组成，这些奇石奇在纹理千姿百态，如玫瑰，似菊花，像睡莲，不一而足。

龙宫奇景景区3.5千米，是最大的一处岩石风景区，各种奇石雄伟奇特，犹如神话中的龙宫。其中，有一块平整光滑的大岩石，长约18米，宽、高各3米，被称为“龙王宝床”。另一处海蚀孔洞，高40多米，落潮时可走进去，涨潮时则可乘船游览。

南秀园景区以鲲鹏奇景著名。它是一处由天然岩石形成的立体雕塑，形态逼真，翅膀下是苍茫的大海，富有生气。鳌滩景区以龟裂石名气最大。龟裂石翠绿呈黄，色彩斑驳，璀璨晶莹，吸引了大量中外游人。

金石滩有多处海水浴场和垂钓场，为风景区增添了度假休息的丰富内容。中部大沙滩长4千米，宽约百米，坡缓沙软，水清浪平，实为优良的大型海水浴场。十几处小型海水浴场则隐于绿树丛中。

这里大小岛屿星罗棋布，到处都是良好的垂钓场。

盘　山

> 早知有盘山，何必下江南。
>
> ——清·爱新觉罗·弘历（乾隆皇帝）

盘山古时候被称为盘龙山、四正山、无终山，位于天津蓟县境内，离北京70多千米，属燕山山脉。盘山为花岗岩山体，山势雄伟，峰峦异秀，水清石奇。主峰挂月峰上锐下削，海拔864米。历史上有五峰、八石、七十二寺观、十三宝塔以及历代名人题刻等丰富的自然与人文景观，被誉为“京东第一山”，曾为中国十五大名山之一。清朝康熙皇帝进山9次，乾隆皇帝第一次巡游盘山时拍案称奇，情不自禁地吟出：“早知有盘山，何必下江南。”后命人在山东部兴建规模浩大的行宫。

古人把盘山风景概括为三盘之胜，即自来峰一带为上盘，劲松苍翠、蟠曲翳天为松胜；古中盘一带为中盘，山石嶙峋嵯峨，千奇百怪为石胜；晾甲石一带为下盘，万泉响涧，泻玉喷珠为水胜。盘山的寺观大多已毁，特别在抗日战争时期，日寇实行“三光政策”，制造无人区，千年古寺几乎全部被焚，满山苍松翠柏被砍伐一空，唯山石尚存。如千缘寺后的“动摇石”，一人推之可晃，众人摇则岿然不动，此为一奇。又如上方寺谯峣峰，石大数寻，似无依倚，仰视如悬空中，称悬空石，也甚奇特。

盘山南天门坐落在弥勒峰西，紫盖峰北，挂月峰南，主要有朝天坊、蹬天梯和南天门阁楼等景观。蹬天梯从弥勒峰脚下起步，至日岩和月岩之间，斜长380米，水平投影距离324米，宽3米，相对高差150米。起步处设有玉石牌坊，名朝天坊，宽7米，高7.6米，上有麒麟雕像，刀工精细，栩栩如生。最上处设有南天门阁楼。

此阁楼吸纳了中国北方建筑风格创新而成，玲珑剔透、重檐歇山、黄色琉璃瓦屋面，旋式大点金彩绘。上悬有清乾隆皇帝和当代著名书法家所题匾额楹联，正面匾额“南天门”和“千章紫锦”点睛了“雷霆俯视山腰斗，日月横看树林悬”的恢宏景观和阁楼的名称。穿越此厅，可领略云罩寺、挂月峰、定光佛舍利塔等景观，给人以登高望险的感受。

登上盘山绝顶，但见自来峰的松海中一树鹤立鸡群，名曰挂钟松。此松有 3 米高，枝繁叶茂，在枝干分叉处，有一道深凹的沟痕。上了些年纪的盘山人都知道，这株大松树上曾悬挂过一口上千斤的铁钟。当年云罩寺的僧人每当撞击洪钟时，其声在几十里外亦清晰可闻。据悉，早在唐开元年间建云罩寺时即有此松，并悬其钟，此事距今已 1200 余年，可知这棵松树也屹立了千余年。

近年来，盘山的一些古建筑已经得到恢复、重建，重新焕发了晴岚叠翠的清秀风光。盘山正以崭新的姿容，再次成为令世人瞩目的游览胜地，迎候着国内外的旅游观光者。

青山沟

1984 年联合国教科文组织通过卫星测定，青山沟为世界六大无污染区之一。

青山沟，位于辽宁省宽甸县，由辽宁省最大瀑布飞瀑涧和雅河口、青山湖、树木园、虎塘沟、大冰沟、凌霄峰 8 个景区组成，总面积为 1274 平方千米。青山沟是以自然山水景观为主要特色的北方山岳、平湖型风景名胜区，为国家重点风景区。

青山沟自然环境优越。1984 年联合国教科文组织通过卫星测定，青山沟为世界六大无污染区之一。青山沟环境幽雅、空气清新，已得到世界的认可。青山沟自然景观集瀑、潭、瀑间浅滩、峡湖、峭壁、四季林相变化于一体，被誉为“西有九寨沟，东有青山沟”。

飞瀑涧又称青山飞瀑，在距青山镇18千米的崴水河上。飞瀑从高达32米的绝壁断层飞流直下，如玉带银练，直坠潭底，在潭中激起的浪花，形成千万朵盛开的白莲。站在百米远的仙女潭边，不仅巨声如雷，而且水珠袭来，寒气逼人。

飞瀑潭水流过石滩，回转而下，在一百多米处被一块叫“镇水石”的巨石挡住，水分两侧流下，形成一处深潭。潭碧如染，潭边怪石嶙峋，苔藓遍布，清幽肃穆，这就是有名的“仙女潭”。继续顺流而下是通天门，这是一处2米宽、百余米高的山峡谷口。穿越通天门，便是将军岭。

将军岭下有天然石猴，猴身长2米有余，挤眉弄眼，一副俏皮相，石猴与飞瀑遥遥相对，人称“石猴观瀑”。

碧波潭在距青山飞瀑1000米处，潭水盈盈。潭上一石，因溪流终年冲击，中间形成一个3米宽的洞穴，人称“水穿石”。溪水便自洞穿出，注入潭中。

青山湖包括里湖与外湖，总面积22万亩，长达43千米。湖面开阔平静，湖水清澈碧绿，湖中游鱼相戏，湖上野鸭成群，湖岸青山叠翠，蓝天白云映入湖中，形成一幅壮美的画卷。

青山湖码头是一处天然的小港湾，壁立如削的石崖上有溥杰写的“青山湖”三个秀丽大字。崖上遍布丁香，一座长长的半岛伸入湖中，这就是游湖第一景——丁香崖。

钓鱼台距丁香崖约3里许，是耸立于原野与湖岸之间的一座矮石崖，石崖奇形怪状，错落有致，石上多生怪松古树。若泛舟湖上，可望见白云峰。白云峰高耸入云，轻云薄雾终日缠绵于峰峦之间。

白石峰脚下，湖南岸出现一片开阔地，山势低矮，农舍依山取势而建，山坡田地秀丽，一派山村田园景色，使人豁然开朗，如入桃花源。一株乌蓝色的古松挺立在湖边，与周围的绿树完全不同。此树高26余米，三人合抱才能抱过来，干如紫铜，枝柯交织，叶密遮天。据记载这是一株死而复活的千年古松，人称“松神”，过去四季香火不断。对岸是绵延几里的青铜壁，石形结构如山水画法的斧劈皴，倒映湖中，十分壮美。

大峡谷是湖的支岔，深邃幽静，溪水淙淙，高峰林立，原始林中百年以上古树丛生，遮天蔽日，树下多生古蕨类植物。

仙人谷是青山湖的核心区，是奇景无尽的山谷。在植被覆盖率达99%以上的山谷里，四野寂静，唯闻风过林梢的萧萧，溪水流淌的淙淙和鸟雀惊飞的啾啾，真可谓“蝉噪林愈静，鸟鸣山更幽”。谷底，一道道泉水绕过嶙峋怪石，欢跳着拾级而下，层层叠叠，状若“水梯”。跳泉随处涌现，让人目不暇接。抬头仰望，周围是峭壁摩天，人居其下，有直坠深渊之感。沿着溪畔弯弯曲曲的小路向深谷密林处行进，身旁粗藤盘旋着古树，山崖披满着苔藓，一派原始风貌。

巨石“黑熊望月”形如黑熊，仔细端详，它正引颈屈身期待明月东升，憨态可掬。“响溪”水落击石，宛如琴瑟不绝在幽谷弹奏。

转过山岩，涓涓溪流从60多米高的耸天石壁上悠然飘下，如串串珠帘般晶莹，这便是“虎啸瀑”。向北望“九曲天水”恰似银河落九天，泉水跌来荡去，恣意迂回，洋洋洒洒，曲折有趣。接受了这九曲天水的沐浴，绕到瀑布后，眼前赫然是由整块伟岸的巨石构筑成的天然崖壁。

铁索高悬在陡壁之上，人们几乎是贴在石崖上笔直地爬行，不敢向下探视，脚下是幽幽的深渊，令人头晕目眩。攀上巨壁“虎背崖”，山梁宽不过丈余，最窄处不足一尺，幸得数株老松苍然挺立，枝繁叶茂，攀扶着树枝，人们才得以战战兢兢地通过这险中之险。

幽深莫测的“虎穴”，人迹罕至的“虎王顶”，隐在暮霭里的“虎尾崖”，遥相呼应，气势雄浑。登上山顶，一览众山小，峰峦绵延，云雾浩渺，峭壁怪石，奇松异卉满目皆是，大好山河令人心旷神怡。缓缓下山的时候，又可见到野生的各色蘑菇似繁星随意点缀在潮湿的丛林、草坡之间，别有一番情趣。

赛罕乌拉自然保护区

林密鸟语麋鹿鸣，山高水长听琴音。

赛罕乌拉自然保护区，位于内蒙古自治区赤峰市巴林右旗北部，距旗政府大板镇115千米，保护区地跨索博力嘎苏木、岗根苏木、朝阳乡、罕山林场，东与巴林左旗相连，西与林西县交界，南依巴林右旗岗根苏木，北与锡林郭勒盟接壤，总面积为10.04万公顷。

赛罕乌拉自然保护区隶属大兴安岭山脉，阿尔山支脉，地貌类型属中山山地，山体呈东北至西南走向。山体较高，平均海拔高度为1000米以上，最高峰乌兰坝，高达1997米，次高峰赛罕乌拉主峰亦达1957米。

保护区属中温带半湿润温寒气候区，冬季漫长寒冷、降雪量少，夏季短促炎热、降水量集中。秋季气温下降快、霜冻来临早。保护区大气透明度高，太阳辐射强度大，光能资源丰富，年日照时数为3000小时，以春季日照时数最多，占全年总日照时数的28%。日平均日照时数8.5小时，夏至前后最长，为13小时至14小时。

保护区境内较高山体的阴坡主要生长着山杨、白桦纯林或混交林，向下则以兴安杜鹃灌丛为主，阳坡广泛分布着蒙古栎、黑桦、大果榆等疏林植被。石质山地则以西伯利亚杏、岩蒿、铁杆蒿为主，山脊分水岭分布有照白杜鹃灌丛和亚高山草甸。丘陵地带则以贝加尔针茅、大针茅、线叶菊草原为主要类型，保护区河流两侧形成了良好的生态系统。

赛罕乌拉自然保护区优美的自然景观每年都吸引着大量的游客以及有关专家、学者和文人墨客前来旅游、考察，曾留下过“饮尽罕山泉，游遍蝴蝶溪”和“林密鸟语麋鹿鸣，山高水长听琴音”的美妙诗句。

保护区境内山形奇特，森林茂密，春天漫山遍野的红杜鹃（兴安杜鹃），会使人联想到“人间四月芳菲尽，山寺桃花始盛开”这一千古绝句的真正含义。

夏天，潺潺的溪水，漫天飞舞的蝴蝶，不绝于耳的鹿鸣，漫山遍野的野花，悠扬悦耳的鸟鸣，会使人心旷神怡。秋天，这里秋韵正浓，“层林尽染，万山红遍”，人们会情不自禁地发出“赛罕乌拉红叶赛香山”的感叹。

冬天，这里银装素裹，别有一番景色，游人至此，会真正领略到林海雪原的奇特景观。赛罕乌拉自然保护区四面有风景，处处是画面，它既是科学研究的基地，又是发展旅游业的最佳场所，在此，人们可以充分感受到大自然的无穷魅力。

赛罕乌拉自然保护区风景秀丽多姿，奇松、怪石、山光、水色以及诸多的文化古迹，吸引了无数的中外游人来此观光旅游。这里交通便利，有直通大板、西乌旗的公路，距北京约600千米，乘车当日可到，是开发旅游业的理想场所。目前，该保护区已开发了三个旅游区。

达赉湖

达赉湖天水相连，烟波浩渺，波光粼粼，来这里旅游，不但可以观赏到美丽的景色，还可以品尝到数百种鱼虾做成的美味佳肴。

达赉湖，又名呼伦湖，北齐时称大泽，唐代称俱伦泊，元代称阔夷海子，清代叫库楞湖。“呼伦”系蒙古语“哈溜”音转而来，意为水獭。因古时湖中盛产水獭，故而游牧在湖畔的蒙古人按照他们以动植物名称命名山河湖泉的古老习惯来称呼。达赉湖位于内蒙古自治区呼伦贝尔市新巴尔虎右旗境内，与中蒙两国共有的贝尔湖为姊妹湖。呼伦贝尔一名即来自这两个湖泊。

清初，蒙古人开始称呼伦湖为达赉诺尔，“达赉”在蒙古语中意为大海，“诺尔”意为湖。达赉湖就是海湖的意思。从此，达赉湖这个名称便成为呼伦湖的别名而传开，并出现在史籍中。

壮丽的达赉湖一望无际，烟波浩渺。湖体自东北向西南伸展，长93千米，平均宽33千米，最大宽度41千米，周长447千米。当湖水水位在海拔545米时，湖水面积为2339平方千米，为中国东北第一大湖，名列全国第四。湖水平均深约5.7米，最深处达8米，蓄水量139多亿立方米。

夏天的呼伦贝尔大草原宁静而美丽，极目远望，达赉湖像一块明镜镶嵌在这碧绿的草原上，水天相接，远方缓缓起伏的丘陵与宽浅的洼地互为镶嵌，宛如大海中的波涛。近看草原，则是平坦无际，绿草如茵，杂花缤纷。不过，也许人们还不知道，如今这茫茫的大草原在数万年前却是猛犸象、披毛犀、野牛等现已灭绝的动物的生活场所。

1980年初夏的一天，当人们在达赉湖北面的扎赉诺尔露天煤矿剥离古河床煤层的上覆表土时，先后在地表下面32米和40米处发现了两具巨大的猛犸象骨骼化石，两头古象相距仅15米左右。同年6月，人们又在附近找到两具完好的披毛犀化石骨架，这可以说是中国及世界猛犸象、披毛犀化石发现史上的奇迹。

在达赉湖发现的二号猛犸象骨架全长9米，高4.7米，门齿长3.1米，据此推算出这头古象活着的时候体重可达8—9吨以上，这是我国迄今为止古象化石标本中个体最大的一具。这头古象生存于距今33万年前，死前可能正好在水边觅食，不慎跌入泥潭而不能自拔。除了猛犸象和披毛犀外，在扎赉诺尔还找到距今数万年前的古哺乳动物化石40多种，史称“扎赉诺尔动物群”，是中国东北第四纪晚期具有代表性的动物群。

大约在第四纪大冰期结束前后，达赉湖畔的呼伦贝尔大草原已有人类在此生息繁衍。数十年来，扎赉诺尔先后发现距今12万年的古人类头骨化石多达15个，统称为“扎赉诺尔人”，他们在湖畔过着捕鱼逐兽的游猎生活。从两三千年前开始，达赉湖畔的呼伦贝尔大草原又成为不同民族、不同部落叱咤风云、争雄称霸的历史大舞台，被誉为北方游牧民族的摇篮，东胡族、鲜卑族、蒙古族先后从这里崛起，上演了一幕又一幕波澜壮阔的历史剧。

由于达赉湖是中国北方数千里内的大泽，水域宽广，沼泽湿地连绵，草原辽阔，食饵丰富，因此成了中国东部鸟类迁徙的重要通道和繁殖地，有鸟类241种，约占中国鸟类的20%。每年夏季，众多的鹤类、天鹅、雁鸭和鹳类纷纷来到这里产卵繁殖，景象壮观。

1986 年，达赉湖自然保护区建立，1992 年该保护区晋升为国家级自然保护区，总面积为 74 万公顷，主要保护对象为湖泊、湿地、草原景观和珍稀鸟类。

锡林郭勒草原

2005 年，锡林郭勒草原被评为中国最美的六大草原之一。

锡林郭勒草原，意为丘陵地带的河，位于内蒙古自治区锡林浩特市境内，面积 17.6 万平方千米。锡林郭勒草原既有一望无际、空旷幽深的壮阔美，又有风吹草低见牛羊的动态美，还有蓝天白云、绿草如茵、牧人策马的人与自然的和谐美。1985 年，经内蒙古自治区人民政府批准建立自然保护区，1997 年晋升为国家级自然保护区，主要保护对象为草甸草原、典型草原、沙地疏林草原和河谷湿地生态系统。

美丽辽阔的锡林郭勒，以草原类型完整而著称于世。它是中国唯一被联合国教科文组织列为“国际生物圈保护区”的草原自然保护区。保护区内生态环境类型独特，具有草原生物群落的基本特征，并能全面反映内蒙古高原典型草原生态系统的结构和生态过程，是目前中国最大的草原与草甸生态系统类型的自然保护区，在草原生物多样性的保护方面占有重要的位置。

在保护区内，已发现种子植物 74 科 299 属 658 种，苔藓植物 73 种，大型真菌 46 种，其中药用植物 426 种，优良牧草 116 种。锡林郭勒草原是目前世界上温带草原中原生植被保持最完整、草地类型最多、饲用植物资源最丰富的天然草原，也是中国著名的畜牧业生产基地。

保护区内分布的野生动物反映了内蒙古高原区系特点，哺乳动

物有黄羊、狼、狐等33种，鸟类有76种。其中国家一级保护野生动物有丹顶鹤、白鹳、大鸨、玉带海雕等5种，国家二级保护野生动物有大天鹅、草原雕、黄羊等21种。

美丽辽阔的锡林郭勒有草甸草原、典型草原、半荒漠草原、沙地草原等多种草原类型。每当盛夏来临，风光迷人的乌珠穆沁草甸草原是一片绿色的海洋，高贵的芍药花与美丽的山丹花争奇斗艳，朵朵白云在无尽的蓝天中飘游，牧人策马，牛羊游动，加上蒙古包缕缕的炊烟与缓缓行驶的勒勒车，使融入大自然的游人顿感心旷神怡。

风吹草低见牛羊的美景在锡林郭勒草原上重现，锡林河九曲十八弯，像是飘落在草原上的洁白哈达，使人流连忘返。步入这块神奇的土地，便可以领略到草原人民的独特风情，如那达慕、祭敖包、赛马、摔跤等。作为蒙古族传统运动项目的摔跤，就发源于这片草原。

第二章 西北

呼伦贝尔草原

呼伦贝尔是一片“绿色净土”，是大自然馈赠给世人的“桃源圣地”，这里的绝大部分森林、草原、湖泊等自然生态环境仍保持着原始古貌。

呼伦贝尔草原，位于内蒙古呼伦贝尔市，地势东高西低，总面积25万平方千米，为中国最优质的草原，是世界四大草原之一，被称为世界上最好的草原。这里还是蒙古族发祥地，以及内蒙古主要的畜牧区，出产著名的三河马、三河牛。

呼伦贝尔草原地域辽阔，风光绚丽。草原上水草丰茂，河流纵横，大小湖泊，星罗棋布。在两千多年的时间里，呼伦贝尔草原以其富饶的自然资源孕育了中国北方诸多游牧民族，因此被誉为“中国北方游牧民族成长的摇篮”。

呼伦贝尔地处生态屏障地带，拥有3000多条河流（包括著名的额尔古纳河、克鲁伦河、雅鲁河

等），500 多个湖泊（包括著名的呼伦湖、贝尔湖），其中呼伦湖烟波浩渺，鱼跃鸟翔，被誉为“天下第一曲水”。3000 多种植物（如樟子松），400 多种野生动物（如狍子、飞龙、黑熊等），有“北国碧玉”之美誉。

大草原、大森林、大水域、大冰雪共同组成了呼伦贝尔绝佳的生态旅游资源。这里绿波千里，一望无垠，微风拂过，羊群如流云飞絮，点缀其间，草原风光极为绮丽，令人心旷神怡。

夏天的呼伦贝尔草原，天高云低，芳草连天，成群的牛羊尽享草原最丰美的时节，一幅田园牧歌式的画卷展示出草原不可抗拒的魅力。阳光之下，呼伦贝尔就是整个天地。

秋季的呼伦贝尔大草原，夺人耳目的是多彩的林海，听林中松涛阵阵，赏亭亭玉立的白桦，到四方山、达尔滨罗看日出日落，自然美景令人流连忘返。

冬天的呼伦贝尔大草原是一个冰雕玉砌的世界，冰雪节的盛会，可以让游客充分领略青松傲雪、畅游林海雪原的豪气和由冰峰、雪岭、冰雕构成的一派雪韵风情。

呼伦贝尔草原无疑是内蒙古草原风光最为绚丽的地方。辽阔无边的大草原，就像一块天然织就的绿色巨毯，步行其上，那种柔软而富有弹性的感觉非常美妙。草原上鸟语花香，星星点点的蒙古包上升起缕缕炊烟，微风吹来，牧草飘动，而绿草与蓝天相接处，牛羊相互追逐，牧人举鞭歌唱，处处都是“风吹草低见牛羊”的景象。将呼伦贝尔草原誉为世界上最美、最大、最没有污染的几大草原之一，真是当之无愧。

喀纳斯湖

喀纳斯湖四周密布着原始森林，阳坡被茂密的草丛覆盖，每至秋季层林尽染，景色如画。这里生长有西伯利亚区系的落叶松、红松、云杉、冷杉等珍贵树种和众多的桦树林。

喀纳斯湖，中国著名的淡水湖，位于新疆阿勒泰地区布尔津县北部的阿尔泰山脉中，面积45.73平方千米，平均水深120米，最深处达到188.5米，蓄水量达53.8亿立方米。喀纳斯湖外形呈月牙状，被推测为古冰川强烈运动阻塞山谷积水而成的冰川湖。湖身沿谷地呈狭长形，蜿蜒曲折，水深近百米。喀纳斯湖是喀纳斯河的中段，而喀纳斯河又是中国唯一的北冰洋水系河流的最大支流布尔津河的上源。喀纳斯冰川的融水流入喀纳斯河，然后又汇入喀纳斯湖。

横亘在新疆北部的阿尔泰山雄伟壮观，其主峰友谊峰终年被冰雪覆盖，是中国海拔最低的现代冰川之一。喀纳斯湖就位于风景秀丽的友谊峰南坡，面积约25万公顷的喀纳斯国家级自然保护区内。

喀纳斯湖不仅自然资源和生物物种非常丰富，而且旅游环境和人文资源也别具风采。环湖四周原始森林密布，阳坡被茂密的草丛覆盖，每至秋季层林尽染，景色如画。这里是中国唯一的南西伯利亚区系动植物分布区，生长有西伯利亚区系的落叶松、红松、云杉、冷杉等珍贵树种和众多的桦树林，已知有83科298属798种。这里有兽类39种，鸟类117种，两栖爬行类动物4种，昆虫类300多种。

喀纳斯湖水中生长有哲罗鲑、细鳞鲑、江鳕、阿尔泰鲟、西伯利亚斜编等珍稀鱼类。其中最为珍贵的是哲罗鲑，其体长可达2—3米，重达百十千克，因鱼体呈淡红色而被称为大红鱼，有专家考证所谓的喀纳斯湖怪其实就是哲罗鲑。

喀纳斯湖的湖水会随着季节和天气变化改变颜色，或深蓝，或墨绿，或灰白，或橘红，所以有“变色湖”之称。加上近年来的“喀纳斯湖怪”传说，更给喀纳斯湖蒙上了一层神秘的面纱。

神秘莫测的喀纳斯“湖怪”自20世纪80年代扬名海内外之后，像一块巨大的磁铁深深地吸引了喜爱探秘的游客。越来越多的游客不远万里慕名来到喀纳斯湖，希望一睹水怪的模样。人们无不被喀纳斯湖“湖怪”的传说吊足胃口。据当地图瓦人的民间传说，喀纳斯湖中有巨大的怪兽，能喷雾行云，常常吞食岸边的牛羊马匹。还有人声称目睹过。这类传说，从古到今从没有间断过。

近年来，有众多的游客和科学考察人员从山顶亲眼观察到巨型大鱼，成群结队、掀波作浪，长达数十米的黑色物体在湖中漫游，一时间把“湖怪”传得沸沸扬扬，神乎其神，又为美丽的喀纳斯湖增加了几分神秘的色彩。

喀纳斯湖既具有北国风光之雄浑，又具有南国山水之娇秀，加之“云海佛光”“变色湖”“浮木长堤”“湖怪”等胜景、绝景，怎能不称是西域之佳景、仙景？

茶卡盐湖

茶卡盐极易开采，人们只需揭开十几厘米的盐盖，就可以从下面捞取天然的结晶盐。

茶卡盐湖，也叫茶卡，位于青海省柴达木盆地的东部边缘、乌兰县茶卡镇南侧。湖面海拔3100米，东西长15.8千米，南北宽9.2千米，呈椭圆形，总面积105平方千米，是杭州西湖面积的10倍。茶卡盐湖南依旺秀山，北依巍峨的完颜通布山，东濒茶塘盆地，美丽而富饶。

盐湖的形成是由于灾难或地壳运动，青藏高原曾是海洋的一部分，经过长期的地壳运动，这块地面抬起变成了世界上平均海拔最高的高原，结果海水留在了一些低洼地带，形成了许多盐湖和池塘，茶卡盐湖就是其中一个。

茶卡盐湖的湖水面积、水深明显受季节影响，雨季湖水面积可达105平方千米，相当于杭州西湖的十几倍，干季湖水面积明显减少。湖水属卤水型，底部有石盐层，一般厚5米，最厚处达9.68米，湖东南岸有长十几千米的玛亚纳河注入，其他注入盐湖的水流很小，且多为季节性河流。

因其茶卡盐中含有矿物质，使盐晶呈青黑色，故称“青盐”。湖中含有近万种矿物质和40余种化学成分的卤水，是中国无机盐工业的重要宝库。经初步探查，茶卡湖中的盐储量达4.4亿吨以上。茶卡盐极易开采，人们只需揭开十几厘米的盐盖，就可以从下面捞取天然的结晶盐。因盐类形状十分奇特，有的像璀璨夺目的珍珠，有的像盛开的花朵，有的像水晶，有的像宝石。因此才有珍珠盐、玻璃盐、钟乳盐、珊瑚盐、水晶盐、雪花盐、蘑菇盐等许多美丽动人的名称。

茶卡盐为天然结晶盐，晶大质纯，盐味醇正，是理想的食用盐。茶卡盐湖是柴达木盆地四大盐湖中最小的一个，也是开发最早的一个，盐湖中景观万千，有采盐风光、盐湖日出、盐花奇观等。

茶卡盐开采历史悠久，最早可追溯到秦汉时期。新中国成立前，马步芳政权在这里设有盐场，每年生产近千吨原盐。新中国成立后，古老的茶卡盐湖经过不断的建设和发展，初步实现了采盐机械化，建有茶卡盐厂，已开发出加碘盐、洗涤盐、再生盐、粉干盐等十多个品种，每年生产几十万吨优质原盐，除供应青海各地外，还畅销全国20余个省区并出口日本、尼泊尔以及中东等地区，深受人们的欢迎。

艾丁湖

艾丁湖南边的玛瑙滩上密布着五颜六色的石头蛋，大的像土豆，小的如花生，在阳光照射下色彩纷呈，宛如镶嵌在艾丁湖畔的一串珍珠项链。继续向南是化石山，大小石头中布满了海相生物的化石，以珊瑚、海百合居多，奇形怪状，让人流连忘返。

艾丁湖，被誉为月色美人，维吾尔语意为“月光湖”，以湖水似月光般皎洁美丽而得名。它位于吐鲁番、鄯善、托克逊三县交界处，觉洛塔格山脚下，距吐鲁番县城40千米。湖盆面积约152平方千米，是全国最低的洼地，也是世界上主要洼地之一，仅次于欧洲的死海，为世界第二低地。

由于艾丁湖湖水不断蒸发，大部分湖面已变为深厚的盐层。科学工作者根据湖周发现大量螺类化石推测，远在一万年前，艾丁湖是一个巨大的淡水湖泊，其范围要比现在的湖水面积大1000倍。可是，今日的艾丁湖，除了湖的西南部还残存着很浅的湖水外，其余大部分都是褶皱如波的干涸的湖底，根本没有什么湖光水色了。远远望去，茫茫一片，尽是银白、晶莹的盐结晶体和盐壳，在阳光下闪闪发光，如同珍珠，又像白玉，更似寒夜晴空的月光。所以，当地维吾尔族人称它为“觉洛烷”，意即月光湖。

走到这里，人们很容易被“海市蜃楼”所迷惑。即使到了水边，也看不到游鱼、飞鸟，只是在湖周不时掠过成群的小昆虫。偶尔，在脚下窜过几只野兔、地老鼠，有时难得还能碰上狐狸。由于这种特殊的地理位置和典型的荒漠景象，所以它对于好奇的游客有着很大的吸引力。近几年，每年有好几万名中外游客来这里探游。

艾丁湖地势极低，便于吞纳周围高山，戈壁荒漠的雪水流泉，因而湖水不断得到了补给。但是，由于这里奇特的干燥、多风，形成了典型的高温气候（夏季气温高达50 ℃左右），从而造成了湖水大量而迅速蒸发。据测算，艾丁湖的年蒸发量达两亿立方米以上，超过湖水补给几十倍。特别是随着吐鲁番盆地生产建设的日益发展，人、畜、土地用水量不断增加，能够流入艾丁湖的水越来越少了。

现在，艾丁湖湖水面积已缩小到22平方千米，仅为湖盆的七分之一左右，水位还在不断下降，水深平均还不到0.8米。人们预测，将来的艾丁湖会完全干涸，在地图上很可能最终被抹掉。艾丁湖为咸水湖，湖水含有大量盐分，蕴藏的盐足供10亿人吃一年。此外，湖底还蕴藏着丰富的煤和石油。

为了开发资源，现在艾丁湖畔高楼拔地而起，建成了一座现代化的化工厂。这座化工厂的主要原料就是艾丁湖的盐晶、矾、硝，它是目前吐鲁番地区最大的一座工厂，产品成本低，质量好，不但供应新疆和内地，还远销国际市场。

艾丁湖湖区气候极端干旱，湖区景观极度荒凉，地表盐壳发育独特，从而构成了一幅未开垦的壮观的原始画面，对探险猎奇者具有特殊的吸引力。

南山自然风景区

天门悬断山河开，万壑千峰绿满坡。

南山风景名胜区，位于新疆维吾尔自治区乌鲁木齐市，面积约为119平方千米。南山指位于乌鲁木齐以南、北天山喀拉乌成山山脊线以北、乌鲁木齐境内的广大山区。南山属温带大陆性干旱气候，年平均温度5.1 ℃。中部山区地带降水较多，平均每年可达500—

700毫米，无霜期约150天，冬暖夏凉，大西沟路纵贯风景区，将风景区分为东西两区。东区为板房沟乡、水西沟乡；西区为甘沟乡、永丰乡、后峡。南山中较著名的景点有南山菊花台、西白杨沟、水西沟、照壁山、庙儿淘等。

南山风景区以秀丽、雄奇的天然美景为主体，以连峰续岭的森林草原、冰川溪瀑，突兀峥嵘的奇峰异石，浓郁的哈萨克民族风情为特色，是开展观光游览、避暑度假、休闲运动、科学考察的山地森林型风景名胜区。根据各景区的特点可分为三大类：观光游览区有西白杨沟、菊花台、照壁山等，自然景观奇特；庙儿沟、水西沟等处以避暑、度假、休闲运动为主，气候宜人，现有服务设施、基础设施较为完善；阴沟、东白杨沟、亚洲中心可开展科学考察，学习、认识、了解自然界。

西白杨沟景区内雪峰点点，群山峻峭，云杉茂密，绿草如茵。高达40余米、宽约2米的瀑布如白练悬空，一泻而下，似银龙飞舞，轰鸣如鼓。浓荫掩映下的一幢幢白色毡房、精致的小别墅、雅静的疗养院、白杨山庄等建筑，使这深山峡谷更添生气。游人来此，可在哈萨克牧民的毡房做客，喝上醇香的奶茶、马奶，品尝烤羊肉、手抓羊肉、奶酪等美味佳肴，欣赏传统的“赛马”“叼羊”“姑娘追”等精彩节目。

菊花台台面平坦宽广，菊花金黄，毡房星点，马羊满坡，可使游览者领略典型天山草原风光，而属亚洲之最的天文台位于菊花台东侧，是一个综合性游览胜地。照壁山山体呈东北—西南走向，三面环水，侧面呈一高达400米的等腰三角形。照壁山山势陡峭，犹如巨屏直插云天，矗立于群山之中，山下流水潺潺，真可谓“天门悬断山河开，万壑千峰绿满坡”。

庙儿沟以山林、草原、涌泉、瀑布和凉爽宜人的气候吸引游人。瀑布两边顺石隙有细水下滴，如垂珠帘。这里冬暖夏凉，夏季可避暑、度假。冬季可开展冰雪运动，风景区内常年游人如织。

1996年，天山生物资源展示中心在水西沟建成，现已初具规模，它集观赏、娱乐、动植物保护及科普教育于一体。水西沟位于乌鲁木齐南郊天山北麓，为山前冲积倾斜平原，自然环境幽雅，基础设施较完善，目前已建有银都度假村、屯河度假村、皇潮度假村、鸿领山庄等。

阴沟又名“鹰沟”，满山遍野到处可见猎鹰、野鸽。进入沟内开阔的草坪，西侧阴坡云杉茂密，在东侧坡顶可略见东白杨沟及大雾笼罩的南侧山顶，壮观气魄，是领略山林野趣、开展生物考察的好去处。

东白杨沟为古冰川，沟内经常云雾缭绕，奇石布列，充满野趣，是古冰川考察的最佳地点。

天山天池

一池浓墨沉砚底，万木长毫挺笔端。

——郭沫若

天山天池是神话与现实的分界点，它隐藏在博格达峰的群山之中，古称“瑶池”，即传说中西王母宴请周穆王之地。西王母与天宫王母的形象在神话中重合后，瑶池又成了众仙宴饮的所在地。湖边有一株巨大的榆树，相传是王母降伏水怪的碧玉簪——“定海神针”。

现实中，天池是位于博格达峰山腰中的天然湖泊。天池海拔1980米，面积约5平方千米，湖面呈半月形，长3400米，最宽处约1500米，湖深数米到上百米不等。湖水清澈，四周群山环抱，绿草如茵，野花似锦。挺拔苍翠的云杉、塔松漫山遍岭，遮天蔽日。

雄伟的博格达主峰突兀插云，峰顶的冰川积雪闪烁着皑皑银光，与天池湛蓝碧绿的湖水相映成趣，构成了这个高山平湖绰约多姿的自然景观。

与长白山天池不同，天山天池在地质学上属冰碛湖，是第四纪冰川运动的产物。这里群山环抱，碧水蓝天，雪峰雄伟挺拔，倒映在池水中，湖光山色，浑然一体。站在池边眺望，眼前满山苍松叠翠，远处白雪皑皑，山脚下野花遍地，毡房点缀，羊群如珍珠洒落在绿茵上。景色错落有致，如诗如画。

天池脚下，还有东西两个小天池。西侧为西小天池，又称玉女潭，相传为西王母洗脚处，位于天池西北两千米处。西小天池是天池湖水透过地下湖坝粗大的冰渍物渗漏下来的泉水，在山嘴交汇的低洼处形成的一个积水深潭，池状如圆月，池水清澈幽深，塔松环抱四周。如遇皓月当空，静影沉璧，风光无限，因而也得一景曰："龙潭碧月"。

东小天池是人工水坝的产物，古名黑龙潭，位于天池东500米处，传说是西王母沐浴梳洗的地方，故又有"梳洗涧""浴仙盆"之称。潭下为百丈悬崖，有瀑布飞流直下，恰似一道长虹从天而降，煞是壮观，银练飞泻，颇有几分"大珠小珠落玉盘"的韵味，形成"悬泉瑶虹”。

环绕天池的群山，是一座座资源丰富的百宝山。这里有牧场、林场、鹿苑，雪线（多年积雪区的下界）上还生长着雪莲。松林里出没着狍子，遍地长着党参、黄芪、贝母等药材。山壑中有珍禽异兽，湖区中有鱼群、水鸟，众峰之巅有冰川水资源，群山之下埋藏着铜、铁云母等丰富的矿藏资源。

西北山后有铁瓦寺、南天门等寺院。东山有王母娘娘庙及山洞，还有高达100米的瀑布奔流直下。博格达峰倒映湖中，山水交融，浑然一体，景色优美诱人。

沙坡头自然保护区

2005年10月，沙坡头被最具权威的中国国家地理杂志社评为“中国最美的五大沙漠”之一，被中央电视台评为“中国十大最好玩的地方”之一。

沙坡头，位于宁夏回族自治区中卫市，面积1.3万余公顷。保护区主要保护对象为腾格里沙漠景观、自然沙尘植被及其野生动物。沙坡头地处腾格里沙漠东南缘，是草原与荒漠、亚洲中部与华北黄土高原植物区系交汇地带，植物有422种，野生动物有150余种，是一处以亚洲中部北温带向荒漠过渡的生物世界。

沙坡头是宁夏回族自治区中卫县的一处景观独特的游览区。在过去，沙坡头以治沙而闻名。由于沙坡头坡度大，风沙猛烈，严重影响了铁路的畅通。为了保持包兰铁路畅通，避免路轨被沙埋住，20世纪50年代，铁路两侧营造起防风固沙工程。这项工程取得了成功。铁路两侧巨网般的草方格里长满了沙生植物，金色沙海翻起了绿色的波浪，包兰铁路沙漠段几十年来安然无恙。

沙坡头治沙成果引起了全世界治沙界的普遍关注，不少国内外治沙专家纷纷前来考察。不久沙坡头的名声远播海内外，专家走后又迎来了世界各国的游客。到了 20 世纪 80 年代，旅游部门发现沙坡头有着独特的景观，便将它建成了一个颇具特色的游览区。

沙坡头的特色之一是滑沙。几百万年前，黄河改道造就了下游的黄河冲积平原——宁夏平原。两千多年前，大西北气候开始变得少雨干旱，植被稀疏，中国四大沙漠之一的腾格里沙漠，从西北方向逼近黄河，在这里受到河流的阻遏，隆起了 150 米高、2000 米宽的高大沙丘，故名沙坡头。

现在，沙坡头成了中国最大的天然滑沙场，游人从约百米高的沙坡头坡顶往下滑，由于特殊的地理环境和地质结构，滑沙时座下会发出一种奇特的响声，大钟巨鼓，沉闷浑厚，人们称之为“金沙鸣钟”。

沙山北面是浩瀚无垠的腾格里沙漠。而沙山南面则是一片郁郁葱葱的沙漠绿洲。游人既可以观赏大沙漠的景色，眺望包兰铁路如一条绿龙伸向远方，又可以骑骆驼在沙漠上走走，照张相片，领略一下沙漠行旅的味道。

沙坡头集大漠、黄河、高山、绿洲为一处，既具西北风光之雄奇，又兼江南景色之秀美。自然景观独特，人文景观丰厚，被旅游界专家誉为世界垄断性旅游资源。

贺兰山

贺兰山下果园成，塞北江南旧有名。水木万家朱户暗，弓刀千队铁衣鸣。

——唐·韦蟾《送卢潘尚书之灵武》

贺兰山，位于宁夏回族自治区与内蒙古自治区阿拉善盟之间，北接乌兰布和沙漠，南连卫宁北山，西瞰腾格里沙漠，东临银川平原，南北长约250千米，东西宽约20—40千米，最宽处60千米。1988年，宁夏的贺兰山自然保护区被列为国家级自然保护区。

贺兰山山势雄伟，层峦叠嶂。遥望贺兰山，宛如骏马奔腾。“贺兰”来自于蒙古语，意为骏马。《元和郡县志》卷四载：“山有树木清白，望如驳马，北人呼驳为贺兰。”《读史方舆纪要》称“贺兰山在宁夏卫西六十里。其山盘踞数百里……遥望如骏马，北人呼骏马为贺兰也”。

贺兰山主要由砂岩、角砾岩和花岗岩等构成，平均海拔2000—3000米，相对高差1000—2000米，山势陡峻，土层瘠薄。苏峪口北面的主峰敖包疙瘩为宁夏最高峰，高出东面的银川平原达2000米。

贺兰山以正谊关断裂和三关口断裂为界，可分北、中、南三段。北段宽短，花岗岩体历经千年的风化侵蚀，山势浑圆，海拔一般不超过2000米，地表景观为稀疏的荒漠草原；南段延伸入内蒙古阿拉善左旗境内，山势低矮，呈散乱的缓坡丘陵状，高度为1300—1900米，植被几无，景色荒凉；唯有中段是贺兰山的主体部分，裸露着宁夏最大的花岗岩体，山体高大雄伟，海拔3000米以上的山峰连绵不断，沟谷深邃，森林茂密。

1980年，在贺兰山西坡内蒙古境内建立了贺兰山自然保护区，面积677平方千米；1982年在贺兰山东坡宁夏境内也建起了贺兰山自然保护区，北自大武沟东北，南迄三关口，面积1570平方千米。两个保护区都以山地混合草原森林生态系统为主要保护对象。

贺兰山是中国温带荒漠和荒漠草原的分界线，东部为半农半牧区，西部为纯牧区。

贺兰山在海拔1500米以下的山麓地带为荒漠草原带，这里砾石遍布，植被稀疏，主要种类有红砂、珍珠茶和沙生针茅；从海拔

1500—2000米为山地草原、旱生灌丛及灰榆林带，植物渐多，杂草茂盛，乔灌木零星地点缀在沟谷之间，春秋时节，山花烂漫，果实累累；海拔2000米开始出现针阔叶混交林带，主要树种有油松、云杉、白桦和山杨等；海拔2400—3100米地带的阳坡散布着明亮、浅绿色的山杨林或山杨、青海云杉林，阴坡则是清一色的青海云杉林，它们占据了整个山坡，郁郁葱葱，密密层层，风过处涛声澎湃；海拔3100米为高山灌丛草甸带，有高山柳、锦鸡儿和各类蒿草，草质优良，是全宁夏质量最好的牧地。

青海云杉林是贺兰山最主要、最具代表性的植被类型，为宁夏重要的森林资源。青海云杉挺拔健壮，生机勃勃，树木可高达20米以上，胸径可达70厘米。林内植株密集，苔藓繁生，地上枯枝落叶堆积，处处散发着针叶的清香和泥土的气息。夏秋之际，每当大雨过后，林内遍地都是蘑菇，其中紫蘑营养丰富，味道鲜美，吸引人们纷纷上山采集。这一地带还夹杂有小叶金露梅或银露梅为主的亚高山灌丛。

贺兰山是33种植物的模式标本产地，植物学家以贺兰山或阿拉善的名字予以命名，如贺兰山繁缕、阿拉善马先蒿、阿拉善点地梅、阿拉善黄芩、阿拉善玄参、贺兰山风毛菊等，因此贺兰山的植物在中国植物区系研究中占有重要地位，受到国内外植物学家的关注。

贺兰山区的野生动物约有170余种，其中蓝马鸡、马鹿、麝、盘羊、猞猁、斑羚、灰鹤等为国家重点保护的野生动物。蓝马鸡为中国特有鸟类，在宁夏仅分布于贺兰山，1983年被列为宁夏区鸟。

六盘山

天高云淡，望断南飞雁。不到长城非好汉，屈指行程二万。六盘山上高峰，红旗漫卷西风。今日长缨在手，何时缚住苍龙？

——毛泽东《清平乐·六盘山》

六盘山，位于宁夏回族自治区西南部、甘肃省东部。六盘山是近南北走向的狭长山地，山脊海拔超过2500米，山路曲折险狭，须经六重盘道才能到达顶峰，因此得名。山地东坡陡峭，西坡和缓。

六盘山是一座令人神往的大山。它南接崆峒，北连萧关，绵延近千里。站在分水岭的腰间看，位于宁夏固原县境内的3800米的主峰白云缭绕，气象雄浑。六盘山是陕北黄土高原和陇西黄土高原的界山，是渭河与泾河的分水岭。

秋天的六盘山景色极其迷人，漫山遍野的树木一片金黄，山丹丹花开得红艳。天空蓝得像海，南飞的大雁打破了秋日的宁静，鸣叫着飞过六盘山顶。

六盘山巍峨挺拔，历来就有“山高太华三千丈，险居秦关二百重”之誉。1935年10月，毛泽东率领的红一方面军在向陕北根据地挺进中，于六盘山前击败了前来堵截的敌骑兵团。在战斗胜利的鼓舞下，当天下午部队便一鼓作气翻过了六盘山。为此毛泽东写下了这首《清平乐·六盘山》：

天高云淡，望断南飞雁。不到长城非好汉，屈指行程二万。

六盘山上高峰，红旗漫卷西风。今日长缨在手，何时缚住苍龙？

六盘山为强烈切割的中山地貌，海拔高，相对高度达400米以上。其中，凉殿峡相对高度达500多米，峡谷处悬崖峭壁极为险峻。

同时，这些地势特征造成峡谷中溪流交错，水流每到陡落处便会飞泻成瀑或落地成潭，形成潭、瀑、泉、涧、溪等多种水体景观。

六盘山植被类型既有水平地带性的森林、草原，又有山地植被垂直带谱中出现的低山草甸草原、阔叶混交林、针阔混交林、阔叶矮林等组成的垂直植被景观。植物群落的季节更替，向人们展示了六盘山不断变化组合的自然美景，同时又向人们显示时序的更迭，使人们感受到时光的延续和岁月的流动。

六盘山还是一座天然的动物园。其中，国家一级保护动物有金钱豹，二级保护动物有林麝、红腹锦鸡、勺鸡和金雕等。飞禽走兽，在林间溪边出没，彩蝶在花丛中飞舞，共同构成动态的绝美的自然景观，令人流连忘返。

可可西里

可可西里的意思是“美丽的少女”，它是目前世界上原始生态环境保存最完美的地区之一，也是目前中国建成的面积最大、海拔最高、野生动物资源最为丰富的自然保护区之一。

可可西里，又称为可可西里无人区，是中国最大、海拔最高、最为神秘的“死亡地带”。可可西里位于“世界屋脊”青藏高原腹地，地处青海、西藏、新疆三省区的交界处，其主要部分位于青海省境内。其范围东至青藏公路，西部以喀喇昆仑山脉为界，北依昆仑山，南被唐古拉山截住，全区总面积约24万平方千米，是青藏高原面积最大的高寒地带。

整个可可西里在海拔5000米左右，气候干燥而寒冷，严重缺氧、缺淡水，环境险恶，人类无法在这里生存，为此，人们给这块大地起了许多可怕的绰号，如“神秘的死亡地带”“死亡线”“人类的禁区”“生命的禁区”等等。

一方面，可可西里极其恶劣的自然环境不适合人类久居。盛夏，可可西里的天气酷似黄淮地区的隆冬，气温大都在 0 ℃以下，最冷达零下 8 ℃。可可西里甚少降雨，但是雪或冰雹几乎天天都有，有时连续几天的大雪和冰雹使荒漠变成了泥沼。这里偶尔也有闪电和雷鸣，但闪电不在天空，而是在地面上跳动，十分危险，这就是高原上特有的“滚地雷”。因太阳辐射强烈，踏上可可西里地区不几天，人的脸就会被晒得黝黑，皮肤会不断脱落，像被烫伤了一样。在高寒地带，天气瞬息万变，很容易使人感冒，这种一般人眼中的小毛病在高原地区却是一种非常可怕的病，重者会在几小时内转为置人于死地的肺水肿病。此外，高原上的常见病——肺心病，也严重威胁着人们的健康。

另一方面，可可西里恶劣的环境阻止了人类对它的干扰和破坏，因此哺育了大批世界稀有的高原野生动植物，成为世界珍奇动植物的天然王国。这里有中国特有的藏羚羊，这种羊雄雌常成群分居，最大群体可达 3000 多只。珍奇的高原动物野驴个高体大，成群奔跑时尘土飞扬，犹如巨龙翻滚。高原特有的野牦牛重达 1000 多千克，

这种庞然大物常常数百头一起出现，浩浩荡荡地在湖边或山间草地上追逐觅食，可以说是世界上独一无二的景观。

这里还繁衍栖息着狼、盘羊、鼠兔等动物。因为高寒，可可西里植物不多，树木罕见，在背风朝阳的山坡或山坳处可见到缤纷的小花园，其中有一种世界稀有的植物——红景天，它虽不貌美，但却含有100多种化学元素，是珍贵的天然药材。

可可西里可谓是世界屋脊上的一座“平台”。那里的湖泊星罗棋布，有大小300多个，最高的“可比湖”海拔4900米，最低的“海丁诺尔湖”海拔也有4500米。这些湖泊都较浅，一般在10米以下。最大的乌兰乌拉湖面积达800平方千米，称得上是一个浩瀚的“海洋”。太阳湖绚丽多彩，呈天蓝、浊黄和乳白等各种颜色，湖边常镶嵌着金字塔状的沙丘，更增添了几分迷人的色彩。

格拉丹东雪山位于可可西里东南角，高6621米，因其坐落在海拔5000米的高原上，故显得雄伟不足。虽然它貌不惊人，却是亚洲最大河流——长江的源头，并有水晶矿藏。布喀达坂峰坐落在可可西里的北缘，海拔6860米，比起世界最高峰珠穆朗玛峰就大为逊色了，可至今无一人攀上此峰。该峰一日多变：早晨烟云环抱全山，显出高耸入云的磅礴气势；正午显得格外俊秀；晚上10点钟是该峰最美丽的时刻，这时太阳的余晖正好照在雪上，反射出绚丽的光彩。

高山地区的地质发育千奇百怪，有斗、塔林、舌、帆、龟、城堡、岛、帽等多种形态。在许多山谷里，还有因冻土膨胀而形成的丘状地形——冻胀丘。只要抵达高山脚下，就可领略到这些风光。

可可西里的温泉可谓天下一绝。“布喀达坂峰”南麓的沸泉温度高达92 ℃，喷出的水柱高两米多，数千米外即一目了然，是治疗皮肤病的最好“圣水”。

最令人感叹的是一条条如龙似鲸的奇异地貌。新生代火山喷发的熔岩被是可可西里的一大奇观，它们呈枕、锥、古堡等状，充满气孔的浮石到处都是，看得人眼花缭乱。无论谁到了这儿，都会流连忘返。

青海湖

当四周巍巍的群山和两岸辽阔的草原披上绿装的时候，青海湖畔山清水秀，天高气爽，景色十分绮丽。

青海湖，位于青海省东部平均海拔3196米的高原之上，古称西海、羌海，又称为鲜水、鲜海，汉代也有人称之为仙海，蒙古语叫作库库诺尔，藏语叫错温布，都是“青色的湖”的意思。

这个全国最大的内陆咸水湖，形状近似菱形，湖水面积4300平方千米，平均深度18.6米，流入湖中的大小河流有30多条，远看水天一色，一望无际，确实有几分海洋般的波澜壮阔。那浩渺无边的碧水与蓝天相连，浑然一体，洪波起伏，声播远空，浩浩荡荡，雄伟壮丽。

青海湖最著名的地方是鸟岛。鸟岛是高原湖泊中的鸟类王国，是国家规定的自然保护区，青海湖因鸟岛而闻名中外。鸟岛地处湖的西北隅，上面居住着无数的飞鸟，主要有斑头雁、棕头鸥、鱼鸥、鸬鹚、燕鸥、黑颈鹤、天鹅等。每年春季，鸟群便从四面八方聚集到这个小岛上，来时飞翔的鸟群遮天蔽日，声势浩大，蔚为壮观。因此，人们就把这个小岛称为“鸟岛”。有人估计，每年至少有10万只鸟到这里繁殖幼雏。若登上鸟岛，铺天盖地飞来的鸟群会使游客几乎没有立足之地。

夏秋季节，当四周巍巍的群山和两岸辽阔的草原披上绿装的时候，青海湖畔山清水秀，天高气爽，景色十分绮丽。而寒冷的冬季，当寒流到来的时候，四周群山和草原变得一片枯黄。每年 11 月份，青海湖便开始结冰，浩瀚碧澄的湖面，冰封玉砌，银装素裹，就像一面巨大的宝镜，在阳光下熠熠闪亮，终日放射着夺目的光辉。

焉支山

虽居焉支山，不道朔雪寒。妇女马上笑，颜如赪玉盘。翻飞射鸟兽，花月醉雕鞍。

——唐·李白《幽州胡马客歌》

焉支山，古称胭脂山，又叫燕支山，位于河西走廊中段，山丹县境东南，大马营乡境内，距山丹县城 40 千米，属自然风景区。主峰毛帽山高达 3978 米，是仅次于祁连山的一座独立山脉。山中松柏苍郁，溪水潺潺，云遮雾掩，景色宜人，日均气温 23 ℃，有“小黄山”之美誉。

焉支山，在两千多年前就名扬天下。两汉时匈奴猖獗，阻塞西域通道，频频袭扰中原。汉武帝派名将霍去病率大军征战河西，直抵焉支山下，几番鏖战，逐匈奴于大漠之北。于是就有了那首千古绝唱：“亡我祁连山，使我六畜不蕃息；失我焉支山，使我妇女无颜色。”焉支山的名声随着这首有名的胡歌而远扬四海了。

焉支山的出名，还因为隋炀帝到过这里。隋大业五年（公元 609 年），炀帝西巡，就在焉支山下会西域 27 国君主使臣，史称“万国会议”，未发一兵一卒，即铸剑为犁，收到安边拓地之功，传颂至今。

焉支山自古就有“甘凉咽喉”之称，历来为兵家必争之地。自汉以来，历朝历代皆在此屯兵驻守，战事不断。唐代诗人韦应物有一首词专写焉支山：“胡马、胡马，远放焉支山下。跑沙跑雪独嘶，东望西望路迷。迷路、迷路，边草无穷日暮。”呈现出一派苍凉悲壮的意境。

千年的岁月过去了，焉支山的名字随同它往日的显赫已渐渐沉没于历史的深处。在当地，它已被叫成了大黄山，因为这山上盛产一种草药——大黄。据清代《永昌县志》载：“焉支山，一名青松山，一名大黄山，林壑茂美，最宜畜牧，药草尤蕃。”但因人们无节制砍伐，加之气候的无常变化，满山坡的青松已随历史的烟尘而消失，但那生命力顽强的药草却依然年年茂发，为荒山增添了蓬勃生机。

而今，焉支山南坡裸露于晴空朗日之下，怪石嶙峋，雄奇险峻。而在北面潮湿的阴坡上，大面积的云杉、松柏早已郁郁葱葱，再加上遍地药草野花，焉支山成了出名的风景区，每到夏秋季节，游人络绎不绝。

登临焉支山将近4000米高的主峰山顶，可一览河西走廊千里通衢，俯瞰群峰夹峙、万山奔涌之壮观气象。四方流云、八面来风尽从眼底而过，真叫人顿生万千感慨。

焉支山之南，便是汉武帝时始建的皇家马场，今叫山丹军马场，为世界之最。这里不仅以良马驰名于中外，其草原风光更是旖旎多姿，山上松柏，山坡花草，山间怪石，山谷溪水，总令游人流连忘返。最奇的是峡谷里的那条小河，据说水底有许多深不见底的窟窿，夜静时便能听见暗流咕咚咕咚的奇妙响声，给人以无限神秘的感觉，因而得名窟窿峡。

崆峒山

黄帝立为天子十九年，令行天下，闻广成子在崆峒山上，故往见之。

——《庄子·在宥》

崆峒山，位于甘肃省东北平凉市西郊15千米处，为六盘山的支脉，地处甘肃与宁夏交界处，主峰海拔2133米，名胜区面积30平方千米。传说该山最早为道家所崇奉的仙人广成子修炼得道之所，被道教尊为远祖的黄帝曾登临崆峒山问道于广成子，故此山有“道家第一名山”之称。

秦汉时崆峒山上已有庙宇建筑，以后释道并存。鼎盛时期的崆峒山，琳宫梵刹、楼台亭阁遍布诸峰。全山共拥有八台、九宫、十八院、四十二观寺等古建筑，还有广成丹穴、浴丹泉、黄龙泉、黑龙泉、龙吸水等40多处名胜古迹。

清代同治初年观庙多已毁，现仅存唐滹陀寺盘龙石柱、宋法轮寺经幢、元重修问道官碑记以及清代康熙年间所修建的太和宫等建筑。中台塔院内还有一座明代的古塔，塔顶上生有塔松，甚为奇特。

崆峒山有大小山峰数十座，景区内山势雄伟、险峻、秀丽、奇巧，此为其第一特征。山南有一孤峰名雷声峰，峰高千仞，三面临渊，松遮云绕；其峭壁间和峰巅上，耸立着一排排精致而奇巧的古代建筑，上接云天，下临深谷，红楼碧瓦，犹如天宫。每逢雷雨，则风吼雷鸣，震撼山谷，此响彼应，如山崩地裂，令人胆战心惊。

景区中主峰叫作马鬃山。主峰周围还有羽仙峰、老君峰、定心峰、蜡烛峰、绣球峰、笄头峰、翠屏山、大象山、凤凰岭、棋盘岭、虎石崖、丹梯崖、月石峡等峰岩奇景。

崆峒山山势险峻，山上道路难行，此为该名胜区的第二特征。上天梯是登临绝顶的唯一孔道。这里石峡壁立，坡度极大，在无路可攀的陡壁上砌石为阶，上天梯长80余米，宽2.5米，共378级。石级两旁立有石柱，石柱上设有铁链，游人扶着铁链才能拾级上下。古人曾有诗叹曰：“一寸进一步，天门攀铁柱。自向此间行，才得上天路。”在主峰和北峰之间还有一条深不见底的涧谷，涧上有一悬桥，名仙人桥。游人过往，桥身晃动，不免令人胆寒。后来有人在两峰之间的崖壁挖出石窝，在崖畔安置铁柱，拉上铁链；要过深涧，可手拉铁链，脚踩石窝，悬吊而过，此称“鹞子翻身”。另外，山上的舍身崖、一线天、鬼门关、疑无路等处，也颇为奇险。

崆峒山上山洞遍布，这是它的第三特征。其中最著名的有朝阳洞、钻羊洞、归云洞、藏军洞、仙鹤洞等等，而且洞洞有景、景景迷人，其中尤以仙鹤洞的传说最为离奇。仙鹤洞又名玄鹤洞，位于东台的绝壁之上。“崆峒云鹤”被列为平凉八景之一。

传说玄鹤洞里有一玄鹤，本是仙人广成子座前的仙童，受广成子之命往返于仙鹤洞与龙门洞之间，提取玉液琼浆，后与龙宫玉女产生恋情，广成子一怒之下便将其化为玄鹤打入石洞。从此，玄鹤情绵绵，恨悠悠，蛰居不出，偶尔在雨霁风和之际出洞翱翔。“玄”即黑色之意，据说玄鹤“丹顶皂（黑）身，白腹朱喙，翅如车轮”。又传说，数千年来，玄鹤仅在洞外出现过三次。还有人说，玄鹤出洞，广成子就要回崆峒山收徒。

崆峒山山头松柏参天，林木葱茏，山势磅礴，雄伟壮观，既有北方之雄，又兼南方之秀。山上众多的名胜古迹是理想的旅游避暑胜地。站在最高的翠屏峰之巅鸟瞰全山，远近胜景一览无余。主峰以北便是幽静的北峰，峰头有庙，风景秀丽。崆峒山下，泾河萦绕。山前的崆峒水库，山秀水碧，湖水荡漾，为崆峒山风景名胜区增添了不少情趣。

月牙泉

月牙泉有四奇：月牙之形千古如旧、恶境之地清流成泉、沙山之中不淹于沙、古潭老鱼食之不老。

月牙泉，古称沙井，俗名药。月牙泉景区位于甘肃省敦煌市南

6千米处，这是一处以奇特的自然景观和著名的人文景观为特色的风景名胜区，面积约200平方千米。景区沿鸣沙山呈带状分布，有莫高窟、雷音寺、民俗博物馆、白马塔、白云观、阳关、渥洼池等众多名胜古迹。自然景观丰富，戈壁大漠特色鲜明。鸣沙山与月牙泉，山抱泉、泉环山，泉与山相映生辉。

鸣沙山位于敦煌城南，为积沙堆成。沙峰起伏连绵，“如虬龙蜿蜒”。鸣沙山东西长40多千米、南北宽20千米，相对高度数十米，最高山峰250米，山势陡峭，山坡上有水波状沙纹。人若在此游赏，举足之间积沙在脚下流淌，如从山上往下滑，沙砾随人下坠，隐约有隆隆之声不绝于耳。据史书记载，在天气晴朗时，即使风停沙静，鸣沙山中也会发出丝竹管弦之音，“沙岭晴鸣”为敦煌八景之一。相传此地为古战场，曾有几万人马被埋入山下，从此山内时闻鼓角之声，故人称鸣沙山。

月牙泉位于鸣沙山北麓，四周沙山环抱。月牙泉泉水清澈，历经两千年泉水不竭。据考此泉原为党河河湾，由于地下潜流出露，汇集成湖。湖水不断得到地下潜流的补给，因而不会枯竭。20世纪50年代测量，月牙泉水面东西长218米，南北最宽处54米，平均水深5米，最深处7米有余。

《敦煌县志》载：月牙泉“经历古今，沙填不满”。实际上沙之所以不能掩填，一是丰富的地下潜流不断补充到泉内；二是由于泉水四周沙山环绕，常年特定的风向造成了泉周沙粒上升和泉如月状的情景。

泉内水草丛生，清澈见底，呈蔚蓝色，碧波荡漾，久雨不溢，久旱不涸，风景十分优美，形成敦煌著名的八景之一的“月泉晓彻”。传说月牙泉内产铁背鱼、七星草，久食可使人长寿，故月牙泉又称“药泉”。

华　山

西岳峻嶒竦处尊，诸峰罗立似儿孙。安得仙人九节杖，拄到玉女洗头盆。

——唐·杜甫《望岳》

华山古称西岳，在陕西省东部，属于秦岭东段。华山山体为花岗石断块山，因远望像花，故名曰华（华同花）山。华山主峰是太华山，在华阴市南，海拔2154.9米，西峰为莲花峰，东峰为朝阳峰，南峰为落雁峰，北峰为云台峰，中峰为玉女峰，五峰耸立于云海之中蔚为壮观。其中南峰最高，峻秀奇险。

华山有玉泉院、桃林坪、青柯坪、千尺幢、擦耳岩、百尺峡、群仙观、苍龙岭、玉女祠、南天门、朝元祠、全真崖等名胜。沿途山路崎岖，上接蓝天，下临深渊。诸峰之间仅有南北一条山径，正如人们所谓“自古华山一条路”。北麓有西岳庙。

《山海经》上说：“太华之山削成而四方，其高五千仞，其广十里。”这非常形象地描绘出西岳华山的气势。华山北临平原，南接重峦，超然于众山。杜甫有诗赞曰：“西岳峻嶒竦处尊，诸峰罗立似儿孙。”华山“耸峙关中，照临西土”，体势如立，昂首天外，气魄之大，无与伦比。

“自古华山一条路”，这条路主要是指青柯坪往主峰攀登的险道。青柯坪海拔1125米，是华山高度的一半，是一处较为开阔的山谷台地，往上便是危崖绝壁的西峰。两地水平距离只有六七百米，而高差竟达千米。攀登这千米危崖，须历经五大险道，无数险境。

“千尺幢”是一条沿花岗岩垂直节理风化形成的岩石缝隙，是略经人工斧凿而成的竖槽式登道。石级之宽仅容半足，缝隙之宽仅容两人侧身相错。另外夹壁悬梯的“百尺峡”、绝壁临壑深不及底的“老君犁沟”都是奇险之地。过此即可登上四面凌空顶平如台的云台峰（北峰）。北峰是观景的好地方，巨峰环立，高擎天际，最为壮观的是南望雄险绝伦的主峰景观。从云台登主峰，还要经历“擦耳崖”和“苍龙岭”两大险道。

苍龙岭是一道窄如墙、深若渊的花岗岩岭脊。岭长一里，宽仅一二米，形似龙脊鱼背，古人过此，“须骑岭抽身，渐以就进”，意思是要两腿跨骑岭脊，撑着过去。现在两侧有护栏，可以安步登岭，充分领略险峰之美。过了岭，再翻过“龙口”和“通天门”，便到了苍松古木成荫、瑶草琪花争艳的华顶。华顶是东、西、南三峰环抱，中间低平的绝顶小谷地，古木森森，外险内幽，置身其间，一切险景都不见了。这种强烈的夷险对比，非历尽艰险者难以享受得到它的美。

华山顶以镇岳宫为中心，西登百米便是外削千米的西峰，站在“手可摩天”的“摘星台”，读李白诗句：“西岳峥嵘何壮哉，黄河如丝天际来”，更能领略华岳真意。南峰略高于西峰，为华岳主峰。到此，便觉“只有天在上，更无山与齐。举头红日近，回首白云低（北宋寇准诗句）”。东峰因峭壁上有五道指状形迹而成为自古闻名的仙掌峰。华山东峰以观日出美景为人称道，又以千姿百态的华山古松而享誉中外。

西岳华山，有规模宏大的岳庙，建在北麓平原上，一条中轴线使岳庙与华山在景观上连成一体。华山曾是道家天下，华山的人文景观如道路、宫观充分体现了道教崇尚自然、追求玄秘以及审美上的奇险意境，因而与华山天险相得益彰。如群仙观，建于巉（chán）岩峭壁之间，下棋亭筑于孤峰绝顶，贺老洞构于崖壁，真是奇构绝筑，为华山添上一笔险彩。华山登道，几乎无路不险，无险不路，却又险而不危。华山美在险字，只有攀崖历险，才能领略无限风光。

佛坪自然保护区

佛坪自然保护区保证了大熊猫自然状态下的野外生存能力。珍贵稀有的羚牛、金丝猴等野生动物种群数量逐年增加，被国内外专家称之为野生动物的乐园、生物多样性基因库。

佛坪自然保护区，位于秦岭中段南坡，地处陕西南部的佛坪县境内，是1978年经国务院批准建立以保护大熊猫为主的森林和野生动物而创立的自然保护区。2005年3月，联合国教科文卫组织正式颁证批准其加入“世界人与生物圈保护区网络”。佛坪自然保护区总面积3500公顷，东与陕西省龙草坪林业局为邻，西与新建的长青自然保护区接壤，北连周至金丝猴和老县城自然保护区，南以佛坪县岳坝乡为伴。

保护区地势西北高东南低，大的山脉多为南北走向，次级山脉为东西走向，最高峰钼链鲁班峰海拔2904米，最低岳坝980米，相对高差1900米以上，在高海拔地区留有少量的第四纪冰川遗迹。主要河流有东河、西河、大城壕河三条水系，是汉江支流金水河的发源地。

保护区内森林生态系统保存完好，森林覆盖率高达90%以上，主要为天然次生林。植被垂直带谱明显，自下而上依次为，落叶阔叶林带、针阔叶混交林带、针叶林带和高山灌丛草甸带。保护区为大熊猫繁衍生息提供了一片优越、舒适的乐土。

保护区内植物资源极为丰富，共有高等植物235科755属1758种，其中地衣植物21种，苔类植物21种，藓类植物97种，蕨类植物94种，种子植物1435种，属于国家重点保护的珍稀植物有太白红杉、秦岭冷杉、水青树、独叶草等22种。野生竹类主要为巴山木竹和松华竹两种，为大熊猫的主要食物。此外还有多种药用、淀粉、纤维、蜜源等经济植物。

保护区在地理上处于古北界与东洋界的交汇处，区内已鉴定的脊椎动物有338种，其中兽类68种、鸟类217种、两栖爬行类38种、鱼类15种。至今为止人们在保护区中采集到的昆虫标本有2.1万余件，已鉴定出1354种，隶属于24目165科。在脊椎动物中属国家重点保护的珍稀濒危动物共34种,其中一级保护动物有大熊猫、羚牛、金丝猴、豹、虎、金雕6种；二级保护动物有林麝、鬣羚、斑羚、黑熊、金鸡、红腹角雉、勺鸡、大鲵等37种。

大熊猫身壮如熊，脸圆似猫，因而得名“大熊猫”，其体重一般达130—150千克，体长1.5—1.8米，大头短胯，粗腿壮腰，毛色黑白相间，形态幽默，憨态可掬，惹人喜爱。大熊猫独产中国，被誉为“国宝”。1987年12月，经国务院批准，佛坪设立管理局建立大熊猫标本馆，供人们参观。

大熊猫保护区在海拔1600—3000米的高山丛林中，这里河谷较多，森林覆盖率高，气候凉爽，箭竹多而茂盛，是大熊猫理想的乐园。保护区核心区内平均2.5平方千米就有一只大熊猫，密度居全国之首。此处的大熊猫毛色奇特，不但有黑白色大熊猫，而且多次发现棕白色和白色的大熊猫。

黄　河

“黄河落天走东海，万里写入胸怀间。”诗仙李白的诗句表达了我国人民对黄河的深情。黄河孕育了伟大祖国的历史和光辉灿烂的文化，是中华民族最主要的发源地，被称为“母亲河”。

黄河，中国第二长河，是中华民族文明的发祥地，全长5464

千米，流域面积 79.5 万平方千米，平均流量每秒 1774.5 立方米。黄河发源于青海巴颜喀喇山北麓，流经青海、四川、甘肃、宁夏、内蒙古、山西、陕西、河南，在山东注入渤海，地图上呈“几”字形。

黄河由河源到内蒙古河口镇为上游，上游河源段地势高寒，蒸发量小，补给水量占黄河入海水量的 70% 以上，是黄河主要的供水区域。

黄河上游峡谷段河流下切深，落差大，水力资源丰富。银川、河套平原段的引黄灌溉，使其成为稻花飘香的“塞外江南”。

河口至孟津为中游，流经黄土高原地区，因水土流失，支流带入大量泥沙，使黄河成为世界上含沙量最高的河流。

孟津以下为下游，河道游荡于华北平原上，河床宽阔平坦，水流缓慢，泥沙堆积严重，致使河底高于两岸平原 3—10 米，成为举世闻名的“悬河”，两岸很少河流注入。虽说黄河入海流量不多，但多年平均泥沙含量达 36.9 千克每立方米，每年有 12 亿吨泥沙注入渤海，造陆面积达 50 平方千米，形成了黄河三角洲。

黄河源头一直存在争议，人们普遍认为它出自扎曲、约古宗列曲和卡日曲三个河流。扎曲一年之中大部分时间干涸，约古宗列曲则又有一个泉眼，而卡日曲最长是以 5 个泉眼开始，流域面积最大，旱季不干涸，被确认为黄河的正源。

三曲汇聚的星宿海是一个东西长约 40 千米、南北宽约 60 千米的椭圆形盆地，内有 100 多个小水泊，似繁星点点，故河源地区曲流迂回，草滩沼泽广布，河水清澈稳定。

龙羊峡位于青海省共和县境内，是黄河流经青海大草原后进入黄河上游峡谷区的第一峡口。峡长 40 千米，坚硬的花岗岩两壁高近 200 米，河谷宽 9 千米，河一边是起伏险峻的茶纳山，一边是连绵不断的莽原，中间是一片宽阔平坦、肥沃丰腴的盆地，使整个峡谷成为一个巨大的天然库区。

壶口瀑布是黄河中游流经晋陕大峡谷时形成的一个天然瀑布，也是中国唯一一个位于大江大河干流上的瀑布。滚滚黄河水流至此，500 米宽水面骤然束缚，倾入 30—40 米宽的龙槽之中，在 50 米落差中翻腾倾涌。

“玉关九转一壶收”，故名壶口瀑布。瀑布最大瀑面达 30 000 平方米，是中国仅次于贵州省黄果树瀑布的第二大瀑布。传说大禹治水始于壶口，黄河壶口瀑布也是中华民族的水利历史和民族精神的写照。

黄河沿线上，游人可以观赏黄河磅礴气势、峡谷平湖的胜景和黄土高原的独特风光。黄河自然风景惊险动人，以河南段最有特色：在开封段“凌空高悬，大堤巍峨”；在郑州段“浩瀚无际，博大宽广”；在洛阳“激流滚滚，奔腾澎湃”；三门峡段则“湖水清澄、碧波荡漾”。中游以下有著名四大古渡口，即喇嘛渡、龙门古渡、风陵渡、茅津渡。

长　江

登高壮观天地间，大江茫茫去不还。
黄云万里动风色，白波九道流雪山。
——唐·李白《庐山谣寄卢侍御虚舟》

长江，中国最大的河流，全长6300千米，发源于青海唐古拉山各拉丹冬雪山，流经青海、西藏、云南、四川、湖北、湖南、江西、安徽、江苏和上海10个省、自治区和直辖市。长江流域从西到东约3219千米，由北至南约966千米。长江水量丰沛，有旅游“黄金水道”之称。

长江在四川盆地以东，浩浩江流劈断巫山，冲破夔门，“青山遮不住，毕竟东流去”，形成风光绮丽的三峡景区。三峡为瞿塘峡、巫峡、西陵峡，西起四川奉节白帝城，东至湖北宜昌南津关，在这200千米河道上峡谷与宽谷相间分布。

瞿塘峡从白帝城到巫山县大溪镇，全长8千米。它的南岸是白盐山，北岸是赤甲山，两山对立称“夔

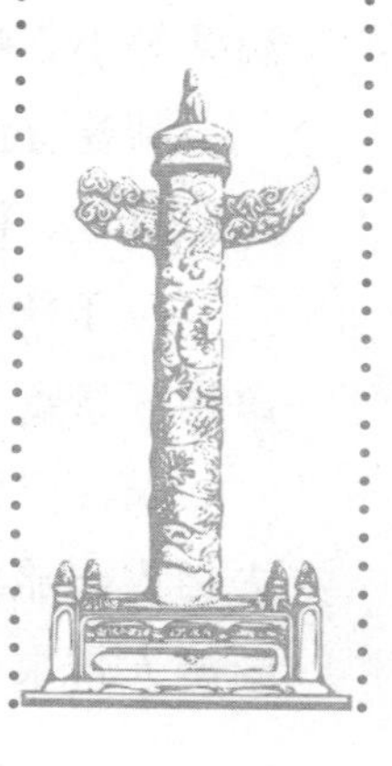

门”，以雄伟著称。

巫峡西起巫山县大宁河口，东到巴东县官渡口，全长45千米，该峡峰奇峦秀，古树苍藤，巫山十二峰沿江屹立，竞秀争雄，高峻俏丽的神女峰在长江北岸，为古代渔民导航。它朝迎晨曦，暮送晚霞，故又名望霞峰。

郦道元在《水经注》中以“巴东三峡巫峡长，猿鸣三声泪沾裳”作为开篇的引语，来介绍三峡风景。巫峡两岸山连山，加以变幻的烟云，以幽深著称。

西陵峡从湖北秭归香溪河口起，到宜昌南津关止，以急流险滩多而闻名，以险峻著称。在三峡第一大支流大宁河上，有龙门、巴雾、滴翠等小三峡，景色更是优美。

新建立的三峡库区是一个风景名胜密集区：白帝城、巴人悬棺、屈原故里、昭君故里、黄陵庙、三游洞等，内容丰富。

位于峡尾的巴东，近年来先后开发了神龙溪、格子河石林、无源洞等景点。

长江支流神农溪有原始、古朴野趣，现已辟为国际旅游景点。去神农溪旅游乘坐当地古老的“豌豆角”型小木船，在溪中漂流，给游人带来奇险的快感。

在三峡腹心地带的万县市，一个包括奉节巫山、巫溪在内的旅游金三角正在形成。在库区末端的重庆，新近又开发出万盛石林、黑山风景区和江北恐龙遗址等新景点。

长江和黄河一起并称为“母亲河”。长江是中华民族的发源地，是华夏文明的摇篮，是中国古文化的发祥地，它孕育并产生了长江文明。

长江三峡

> 自三峡七百里中，两岸连山，略无阙处。重岩叠嶂，隐天蔽日，自非亭午夜分，不见曦月。
>
> ——北魏·郦道元《水经注》

长江从冰峰迭起的青藏高原诞生，穿山劈岭，汇集百川，流经四川盆地以后，又以气吞山岳之势，冲开“白壁苍岩无数重”的巫

山山脉，夺路直下，形成了三峡奇观。三峡，西起重庆市奉节县的白帝城，东到湖北省宜昌县的南津关，全长192千米，由瞿塘峡、巫峡和西陵峡三段峡谷组成。

地质发展史告诉人们，三峡的形成，是强烈的造山运动所引起的海陆变迁和江河发育的结果。亿万年前，四川盆地由大海变成了内陆湖，它和东部的“长江”之间隔着一道分水岭。在距今三四千万年前，由于西侧河流的不断冲刷，终于切穿巫山，连成浩荡巨流，形成三峡。因而，三峡是大自然的杰作。

瞿塘峡又称夔门，起于重庆市奉节县白帝城，东至巫山县大溪，长8千米，为三峡中最短、最窄而又最雄伟的峡谷。两岸悬崖壁立，江流湍急，山峰海拔1000—1500米。江岸最狭处只有百余米，山势雄伟险峻，形如门户，故称夔门。

山岩上有“夔门天下雄”五个大字。左边是赤甲山，相传古代巴国的赤甲将军曾在此屯营，尖尖的山嘴活像一个大蟠桃。右边的名白盐山，不论天气如何，总是渗出一层层或明或暗的银辉。

瞿塘峡虽短，却能“镇渝川之水，扼巴鄂咽喉”，有“西控巴渝收万壑，东连荆楚压摹山”的雄伟气势。古人形容瞿塘峡说，“案与天关接，舟从地窟行”。

巫峡西起巫山县大宁河口，东到湖北省巴东县官渡口，全长约45千米，包括金蓝银甲峡和铁棺峡。峡谷特别幽深曲折，是长江横切巫山主脉背斜而形成的。峡中两岸青山连绵起伏，群峰壁立如屏，江流曲折，幽深秀丽，宛如一条天然画廊。峡两岸为巫山十二峰，其中以神女峰最为俏丽有名，令世人神往不已，人们往往把它看作巫山的象征。

巫峡是三峡中最可观的一段，宛如一条迂回曲折的画廊，充满诗情画意，可以说处处有景，景景相连。

西陵峡西起秭归县香溪口，东至宜昌县南津关，全长120千米，是长江三峡中最长、以险峻闻名于世的山峡。两岸有“生长明妃”的昭君故里香溪和屈原故里秭归。

整个峡区由高山峡谷和险滩礁石组成，峡中有峡，大峡套小峡。峡中险峰夹江壁立，峻岭悬崖横空，奇石嶙峋，银瀑飞泻，古木森然，水势湍急，浪涛汹涌，景象万千。自西向东依次是兵书宝剑峡、牛肝马肺峡、崆岭峡、灯影峡四个峡区，以及青滩、泄滩、崆岭滩、腰叉河等险滩。

九寨沟

九寨沟内遍布原始森林，沟内分布108个湖泊，有“童话世界”之誉，1991年，被联合国教科文组织列入《世界遗产名录》。

九寨沟，位于四川省阿坝藏族羌族自治州境内，因周围有9个藏族村寨而得名。九寨沟地处岷山山脉，海拔2000—4300米，是长江水系嘉陵江源头的一条支沟，由日则沟、树正沟和则查娃沟3条沟组成。沟内分布108个湖泊。

九寨风光，美丽多姿，以高山湖泊群和瀑布群为主要特点，集翠海、瀑布、彩林、雪峰及藏情为一体，因其独有的原始自然风光，变幻无穷的四季景观，丰富的动植物资源而被誉为“人间仙境”“童话世界”。

1990年，九寨沟被列为“中国旅游胜地四十佳”之首，1991年被列入联合国《世界风景名录》，1992年12月由联合国教科文组织批准，正式列入《世界自然遗产名录》，2007年5月8日，经国家旅游局正式批准为国家5A级旅游景区。

九寨沟是中国著名的自然保护区之一。九寨沟的森林有200平方千米，主要品种有红松、云杉、冷杉、赤桦等。在这里的原始森林中，栖息着珍贵的大熊猫、白唇鹿、苏门羚、扭角羚、毛冠鹿、金猫等动物。海子中野鸭成群，天鹅、鸳鸯也常来嬉戏。九寨沟的每一处“肌理”，甚至一花一草，无不体现着野性与自然的魅力。

九寨沟的另一大特色是水。每当风平浪静之时，湖面平如明镜，但见碧空如洗，白云朵朵，远山苍翠，树木葱郁，无限景致尽在湖中倒映，如梦似幻。

五彩缤纷的海子是由阳光、水藻和湖底沉积物的共同作用形成的大自然的杰作，也是九寨沟风光之中令人无限神往的景观。只见在清澈的海子之中，鹅黄、黛绿、赤褐、绛红、翠碧等不同的色彩相继呈现，相互浸染，斑驳陆离，仿佛一匹艳丽的五色锦缎。随着视角的移动，色彩也在不断地变化，一步一态，变幻无穷。清风过处，湖面也泛起阵阵波澜，五彩之色随之波动，璀璨明艳，恍如燃烧的海洋。

九寨沟的海子是由400多个形态、水色各异的高山湖泊连缀组成。由于地势平坦，彩池中的水大都深不盈寸。来自高山的雪水和涌出地表的岩溶水，随着流速变缓、地势起伏和枯枝乱石的阻隔，水中富含的碳酸钙开始凝聚，发育出固体的钙华埂，使流水潴留成

层叠相连的大片彩池群。碳酸钙在沉积过程中，又与各种有机物、无机物结成不同质地的钙华体，加上光线照射的种种变化，就形成湖水同源而色泽不一的绮丽景观。

九寨沟不仅是水的天堂，也是瀑布的世界。九寨瀑布堪称大自然的传奇杰作，这里几乎所有的瀑布全都从密林里狂奔出来，奔流不息，气魄雄浑，景象极为壮观。这里有宽度居全国之冠的诺日朗瀑布，它从高高的翠岩上飞泻而下，仿佛一幅巨大的银色绸缎，气势雄浑。有的瀑布从山岩上腾越呼啸，几经跌宕，形成叠瀑，似群龙竞跃，声闻数里，激溅起无数小水珠，犹如万斛珍珠。在阳光照射下，瀑布上常常出现绮丽的彩虹，使人赏心悦目，流连忘返。

彩林被誉为九寨沟五绝之一。彩林内生长着两千多种植物，争奇斗艳；林中遍布奇花异草，或色彩绚丽，或浓绿阴森，千姿百态，神秘莫测；林地上积满厚厚的苔藓，散落着鸟兽的翎毛，充满着原始气息的森林风貌，使人产生一种浩渺幽远的世外天地之感。两千平方千米莽莽苍苍的原始森林，随着季节的变化，呈现出种种绮丽风貌。

九寨沟三条沟谷，层峦叠嶂。极目远眺，山峦逶迤起伏，谷壑幽深迷离，天空云海茫茫，千变万化，云端中峰峦时隐时现，沉浮升降，似乎在天宇中游弋。九寨沟长期以来为藏族聚居地，神秘凝重、地域特色鲜明的藏族文化与奇异的山水风光融为一体，相得益彰。

九寨沟的九个寨子又称为“何药九寨”，虽然居住的都是藏族人，但这里藏胞的语言、服饰和习俗，与四邻的藏胞都有着较为明显的差异，构成了独特的九寨藏情。

神奇的九寨沟，用它不事雕饰的绝世风姿，吸引着世人的瞩目。那富于原始野性的独特之美，仿佛不应该属于凡间。翠海、叠瀑、彩林、雪峰、民族风情……使得九寨沟名动天下。千百年来，人们毫不吝惜地把一切的赞美之词都送给了神奇的九寨沟。即便如此，似乎也无法真正表达出九寨的韵味。

香格里拉

这里是宗教的圣土，人间的天堂。在这里，太阳和月亮就停泊在你心中。这就是传说中的香格里拉。

——詹姆斯·希尔顿《消失的地平线》

香格里拉，意为心中的日月，位于青藏高原东南边缘、横断山脉南段北端，是“三江并流”之腹地。这里融雪山、峡谷、草原、高山湖泊、原始森林和民族风情为一体，为多功能的旅游风景名胜区。

香格里拉景区内雪峰连绵，云南省最高峰卡瓦格博峰等巍峨壮丽，仅中甸县境内，海拔4000米以上的雪山就达470座，峡谷纵横深切，最著名的有金沙江虎跳峡、澜沧汀峡谷等大峡谷。

香格里拉生活着藏、傈僳、汉、纳西、彝、白等13个民族，他们团结和睦，在生活方式、服饰、民居建筑以及婚俗礼仪等传统习俗中，都保持了本民族的特点，形成了各民族独特的风情。

香格里拉是因希尔顿的小说而闻名的。第一次世界大战期间，一个英国飞行员在飞机发生事故后于川滇交界的地区跳伞，发现自己无意中闯入了一个仙境般的世界：雪山巍巍、芳草萋萋、树木葱茏、湖水暖流，完全是一个世外桃源，与欧洲炮火连天的滚滚硝烟形成了强烈的反差。尽管语言不通，但这个飞行员却在这里得到了当地山民的热情款待和帮助，最后顺利地返回了英国。后来，这个飞行员写了一篇回忆录，深情地叙述了他在这片神奇土地上的见闻，

他把远离战火的净土誉为“香格里拉”。

1933年，希尔顿据此写下了《消失的地平线》一书，他用优美的文字向世人描述了一个东方的美丽田园。

自从《消失的地平线》问世以来，作品中所描绘的香格里拉引起了无数人的向往，人们怀着极大的热情，追寻着这圣洁的世外桃源。据考证，香格里拉实际上就是指云南省的迪庆藏族自治州。

在香格里拉有很多圣洁的雪山，在雪山环绕之间，又分布有许多大大小小的草甸和坝子，它们是迪庆各族人民生息繁衍的地方，这里土地肥沃，牛马成群。在这片宁静的土地上，有静谧的湖水、神圣的寺院、纯朴的康巴人，一切都如人们梦想中的伊甸园——香格里拉。“不必到西藏就可领略藏族风情。”迪庆不仅有西藏高原雪山峡谷的风貌和藏族风情，还可领略到内蒙古大草原“风吹草低见牛羊”般的壮丽景色。

珠穆朗玛峰

珠穆朗玛峰高度8844.43米，为世界第一高峰，是中国最美的、令人震撼的十大名山之一。

青藏高原，位于中国西部及西南部，面积约250万平方千米，平均海拔4000米—5000米，神秘而壮丽，是世界上海拔最高的高原，素有“世界屋脊”之称。在这片高原上绵延着喜马拉雅山脉。喜马拉雅山脉拥有4座8000米以上、38座7000米以上的山峰，这其中包括了海拔8844.43米的珠穆朗玛峰。珠穆朗玛峰是世界第一高峰，被誉为地球第三极。

珠穆朗玛峰，简称珠峰，又意译作圣母峰，尼泊尔称为萨加马塔峰，也叫“埃非勒斯峰”，位于中华人民共和国和尼泊尔交界的喜马拉雅山脉之上，终年积雪。

探险者与科学家们曾在珠峰上找到了古生代海洋生物三叶虫的化石，在珠峰北侧地带找到了来自南半球的巨羊齿植物化石，而今天在珠峰北面的雅鲁藏布江沿岸还能看到不同时代、不同地层中的岩块挤压到一起的板块缝合带，这一切都揭示了一个令人难以置信的事实：整个喜马拉雅山脉，连同它的主峰——珠穆朗玛峰，都是在印度板块的推挤之下，从2400千米外遥远的南半球漂洋过海而来的。珠穆朗玛峰在漂移的过程中，不断地受到欧亚板块反作用力的阻挡，日复一日地向上抬升，最终在距今100万年前左右的时候，达到了现在的高度。

千百年来，威严、雄伟、圣洁、巍峨的珠穆朗玛，赢得数不清的赞叹与崇敬。皑皑白雪，巍峨山峰，成就了一个不朽的地理传说。在旗云（为珠穆朗玛峰上的一种奇观，因出现时其形如旗，故称为旗云）之中，珠峰显得虚无缥缈，若隐若现，更加增添了神秘与圣洁的气息。仰望珠峰，飘浮于峰顶的旗云绚丽壮美，令人着迷。

珠穆朗玛峰海拔高，太阳辐射强。每当日出后，受太阳直接照射，各地受热状况不均匀，就会产生两个方向不同的局部环流，使峰顶

附近常有对流性积云形成，所以常能观测到形如旗帜的云挂在峰顶。随着高空风、上升气流和天气系统的不同，旗云的形态也不断变幻。

珠穆朗玛峰的旗云，千姿百态、气象万千，忽而如旗帜迎风招展，忽而如海浪汹涌澎湃，忽而如山峦起伏连绵，忽而如骏马奔腾驰骋。

珠穆朗玛峰地处高寒之地，自然条件极其严苛：低温、缺氧、陡峭的山势、步步陷阱的明暗冰裂隙、险象环生的冰崩雪崩区、变幻莫测的恶劣气候。人们之所以将它称之为“圣山”或者“冷美人”，恐怕也有一部分原因是它的凛然不可侵犯。单是那弥漫的云雾与不可捉摸的暴风，便足以令人望而却步。

然而珠穆朗玛峰的魅力实在太大了，千百年来总是有人向着世界最高峰发起冲击。1953 年，英国人埃德蒙 · 希拉里创下首次登顶珠峰的纪录。1960 年，中国登山队首次从北侧中国境内登上了这座世界最高峰。与这些成功者相比，那些失败者、将自己的身体与灵魂留在了雪山之上的人同样值得我们尊敬。他们用无畏的精神探索大自然、追寻生命的意义，至死方休。又或许，对于世人而言，屹立于云霄之中的这位“女神”实在是一个无法阻挡的巨大诱惑，值得用自己的生命来换取与她亲近的一刻。

雅鲁藏布大峡谷

> 雅鲁藏布大峡谷平均深度2268米，最深处达6009米，是不容置疑的世界第一大峡谷。美国的科罗拉多大峡谷和秘鲁的科尔卡大峡谷，曾被列为世界之最，但这两个峡谷都不能与雅鲁藏布大峡谷一争高下。

雅鲁藏布大峡谷，位于西藏雅鲁藏布江下游，北起米林县的大渡卡村（海拔2880米），南到墨脱县巴昔卡村（海拔115米），峡谷长504.6千米，平均深度5000米，最深处达6009米，是世界第一大峡谷。峡谷环境十分复杂，冰川、绝壁、陡坡、泥石流与巨浪滔天的大河交错在一起，许多地区至今仍无人涉足，堪称“地球上最后的秘境”。

整个大峡谷剖面呈不对称的V形，峡谷坡面略有转折，呈阶梯状，上部开阔，下部陡窄，许多地方下部呈U形，水面以上谷壁岩高达300多米，悬崖、峭壁、险峰比比皆是。大峡谷中还叠套着一个个小拐弯，峡谷嵌入基岩、山嘴交错的深深曲流中，十分宏伟、壮观。

大峡谷核心无人区河段的峡谷河床上，有罕见的四处大瀑布群，其中一些主体瀑布落差都在30—50米。峡谷具有从高山冰雪带到低河谷热带季雨林等9个垂直自然带，汇集了多种生物资源，堪称世界之最。

雅鲁藏布大峡谷作为青藏高原最具神秘色彩的地区之一，其独特的地理构造位置，被科学家看作是“打开地球历史之门的锁孔”。

雅鲁藏布大峡谷是中国科学家经过长期艰辛努力的探索发现的。它的发现，被科学界称为是20世纪人类最重要的地理发现之一。

中国科学家曾先后8次进入这一地区进行综合性科学考察。1998年10月，由科学家、新闻工作者和登山队员组成的科学探险考察队，历时40多天，穿行近600千米，在深山密林、悬崖陡峭、水流湍急的雅鲁藏布大峡谷区域开展异常艰辛的科学探险考察，领略和探索了世界第一大峡谷的奇观，并获取了大量科学资料，实现了人类首次徒步穿越雅鲁藏布大峡谷的壮举。

在这40多天的徒步穿越考察中，有关专家精确地测绘了大峡谷的深度和谷底宽度，掌握了极为重要的实测数据。科学家们在地质、水文、植物、昆虫、冰川、地貌等方面，也都取得了丰富的资料和数千种标本样品，为大峡谷的资源宝库增添了新的内容。尤为值得称道的是，这次考察中不仅确认了雅鲁藏布江干流上存在的瀑布群数量和位置，而且发现了大面积的濒危珍稀植物——红豆杉。

科学考察证实，雅鲁藏布大峡谷地带是世界上生物多样性最丰富的山地，是“植物类型天然博物馆”“生物资源的基因宝库”。同时，大峡谷处于印度洋板块和亚欧板块俯冲的东北挤角，地质现象多种多样，堪称罕见的“地质博物馆”。雅鲁藏布大峡谷对世人有着巨大的吸引力，独特的环境和丰富的自然资源既是中国珍贵的财富，也是全人类的珍贵自然遗产。

黄龙自然景区

玉嶂参天一径苍松迎白雪，金沙铺地千尺碧水走黄龙。

黄龙风景名胜区，位于四川省阿坝藏族羌族自治州松潘县，由黄龙景区和牟尼沟景区两部分组成，总面积约700平方千米。黄龙景区为主景区，在松潘县东北部的黄龙乡，距九寨沟100多千米。黄龙景区海拔约3000多米，是一个宽30—170米、长36千米的山谷，两侧山上林木苍翠，峰巅白雪皑皑，谷内布满金色钙华。有副对联对此做了精妙的总结："玉嶂参天一径苍松迎白雪，金沙铺地千尺碧水走黄龙。"

黄龙以石灰华（又称钙华）所形成的五彩池为特色。黄龙的五彩池有3400多个，全是"袖珍海子""珠儿池"，包括迎宾彩池、盆景池、明镜倒影、杜鹃映彩、彩池争艳、琪树流芳、石塔镇海和转花池等彩池群。

每个池子从底到埂，都由乳黄色的石灰华构成，如璞玉，似牙雕，像玉盘，其状千姿百态。池水澄清无尘，水色则因沉积物不同、观看位置不同而呈现出不同的颜色。远深近浅，浓淡分层，池与池间，虽堤岸连接，活水同源，但泾渭分明，水色各异。

碳酸钙灰华淀积物本应为银白色，但在流动过程中，因夹杂其他矿物质而颜色发生变化：若掺杂了黄泥，则变成乳黄色；若带有铁质，则成褐红色；若带铜或二价铁，其色深蓝；若夹带多种杂质或腐殖土，则为黑色；等等。由于池堤颜色、水的深浅、水底沉积物和周围树木、山色的千变万化，池水就呈现黄、白、褐、灰、绿、粉绿、浅蓝、蔚蓝以及似蓝非蓝、似白非白等诸种难以描述的颜色。

涪源桥在风景区的入口处，横跨长江支流涪江。因附近的岷山弓嘎岭即为涪江发源地，故名。

迎宾彩池又名彩池迎宾、洗花池。这片彩池大小不一，玲珑剔透，在青松翠柏、红花绿柳的掩映下，层层叠叠列成梯队，美艳无比。

盆景池的彩池百余个，池形多变，交错相连，池中有池，池外有池。很多池中生长着小而苍老的古树，高者三五米，低者不足1米。还有杜鹃及各种野花、芳草，池水花草互映，彩上叠彩。有的如盆栽插花点缀于潭埂池间，有的亭亭玉立于池水之中，那些水中的树根和枯枝，因石灰华沉积速度惊人，形成玉黄色珊瑚般的琼枝玉根。

明镜倒映池有彩池80余个，以湖蓝色为基调，水色湛清，静如明镜。山色、树影、白云、蓝天倒映池中，妙趣天成。

争艳彩池又名娑萝映彩。娑萝即杜鹃花。这片彩池大小500余个，面积最大，水色也最富丽，或蔚蓝，或深绿，或鹅黄，或粉白，或黄中泛紫，或绿中漾红……池形也极富变化，有的形若荷花，有的状如藕叶，有的像罗汉重叠，有的似龙嘴含珠。池水个个饱满，水一溢出，即在下一梯的池中激起一种龙鳞般的波纹，在阳光下500多个彩池就像变幻莫测的万花筒。

琪树流芳池位于争艳彩池左侧，有200多个彩池，藏于茂密的树林中。池堤均长有古木，绿水潺潺，依次跌宕，溢流漱玉而去。

石塔镇海池有彩池400余个，高低错落，连环相缀。池中有石塔、石庙。池堤的颜色分呈乳白、银灰、浅黄、金黄、青紫、绛紫、朱红、浅蓝、宝蓝、浅绿、浓绿等等。这片彩池既不像洗花池那样恬淡，也不像争艳彩池那样娇丽，它自有一种端庄大方、温柔妩媚的独特风韵。它集中了黄龙五彩池的特点，是黄龙五彩池的精华所在，这里生长着许多洁白如玉的石花、石笋，璀璨晶莹。

转花池又名转花漱玉池，是黄龙沟的顶端。一片清泉从玉翠峰下杜鹃林中流出，从海绵般的青苔上淌溢而过。一小圆池初看水平如镜，细看则泉水上涌，形成旋涡。满坡的杜鹃花落花浮水，慢慢旋转数圈方沉入碧澄的水底，故称“转花池”。

牟尼沟位于松潘县西南牟尼乡，景区内山、林、洞、海，争奇斗艳。林木遍野，满目生辉，大小海子可与九寨彩池比美，钙华池瀑可与黄龙“瑶池”争辉。此外沟内还有溶洞群可供探奇，有珍珠温泉可供淋浴，还有古化石。

扎嘎瀑布高104米，号称华夏第一钙华瀑布。瀑布一瀑三叠，瀑中有湖、有池，大小不等，水中多枯树，树旁边又有新生的幼枝，一派生机。

每年农历六月十六日，黄龙都要举行盛大的庙会。届时，方圆数百里（有的甚至来自甘肃、青海）的藏、汉、羌、回等各族群众纷纷前来朝拜黄龙真人。漫山遍野，人流涌动，歌之、颂之、舞之、蹈之，热闹非凡。入夜，千顶帐篷，万点灯火，更将黄龙装扮得美丽多姿。

墨脱自然保护区

墨脱是一座“自然的绿色基因库”，已发现有高等植物300多种，占西藏植物种类的一半还多，地球上每100种植物中便有1种分布在这里。

墨脱自然保护区，位于西藏自治区墨脱县境内，面积62 620公顷，1985年经西藏自治区人民政府批准建立，1986年晋升国家级自然保护区，主要保护对象为山地森林垂直景观及珍稀动植物。它是中国跨自然带最多的自然保护区。墨脱，藏语中是花朵的意思。

墨脱自然保护区是祖国西南边陲一颗夺目耀眼的绿色明珠。这里的自然生态环境几乎没有受到外界的影响，还保留着原始质朴的风貌，充满着神秘的色彩。

这里自然条件十分优越，森林资源极为富庶，各种植物竞相生长，珍禽异兽隐藏其中，这里的物种饱和度大，稀有物种多，近年来还不断发现新物种和新分布的科属，堪称“巨大的自然博物馆”，也是一座“自然的绿色基因库”。已发现有高等植物300多种，占西藏植物种数量一半还多，地球上每100种植物中便有1种分布在这里。像墨脱这样的物产宝藏不但在中国绝无仅有，在世界上也是寥寥无几。

墨脱的植物有五大特点，即：大、稀、多、弱、古。其“大”是说绝对保护区面积大，单株树木大，代表性广。“稀”是说有许多稀有的动、植物和西藏特有的动、植物，并且形成了一个网络的天然生态环境，举世无双。“多”是指各种生态类型多，动、植物种类多。“弱”是指这里的雨林和高山针叶林生态系统非常脆弱，目前的顶级群落是千百年自然演化的结果，一旦被破坏很难恢复。“古”是指有许多历史悠久的古老植物和动物。

目前墨脱自然保护区已发现有国家珍稀植物21种，以墨脱命名的植物就有40多种。这里的植物种类之多，经济价值之高，尤其是植物资源不亚于驰名中外的“绿色王国”西双版纳自然保护区。

墨脱自然保护区的珍禽异兽甚多，举不胜举，它们有的仅产于本区域，有的属于特别珍稀的动物，遗憾的是人们对这里的动物种类还没能做出准确的统计，但据粗略估计，被列为国家重点保护的珍稀动物可达40余种，有云豹、羚羊、赤斑羚、盘羊、白尾稍虹雉、角雉类、大犀鸟、熊猴、猕猴、小熊猫、猞猁、麝、鹿、金鸡、藏马鸡、藏雪鸡、金猫、岩羊、血雉、猛禽类和虎。墨脱自然保护区被誉为西藏的“天然动植物博物馆”，是研究不同气候带生态系统的重要基地。

墨脱之所以有这么多的珍奇野生动植物，是由于它地处雅鲁藏布江大拐弯的峡谷之中，海拔高度750—4800米之间。每个区域的高度不同，从而孕育了不同纬度的动植物。也就是说虽然墨脱处于亚热带纬度地区，但由于其特殊的地理环境，拥有了热带到寒温带的不同山地森林植被类型。

雅鲁藏布江在南迦巴瓦峰和佳拉白垒峰之间急转向南，形成著名的雅鲁藏布江“大拐弯”，由于以上两座大山的屏障作用，使溯江而上的孟加拉湾暖湿气流在此形成旋涡，造成了这一地区充沛的降水量，每年达2500毫米以上，成为中国雨量最多的地区之一。这里的降水主要集中在生长季，冬季降水较少，但河谷经常有大雾，在一定程度上弥补了旱季降水的不足。

具备了以上这些条件的墨脱河谷地带，虽处北纬29度附近，但远远超出了人们认为热带植被主要出现在北回归线以南的规律，亚热带纬度地区也可以有热带、亚热带、温带和寒带的山地植被类型。如此得天独厚的条件，使得墨脱自然保护区更加宝贵和迷人。

贡嘎山

贡嘎山森林密布，郁郁葱葱，生态环境原始，森林受人类活动的影响小，植被完整，几乎拥有从亚热带到高山寒带能生存的所有植物物种，珍稀植物种类繁多。

贡嘎山，又称贡噶山，旧称木雅贡嘎。贡嘎山风景区位于四川省甘孜藏族自治州境内，以贡嘎山为中心，包括泸定县海螺沟、九龙县伍须海等景区，总面积约10 000余平方千米。贡嘎山海拔7500多米，主峰周围6000米以上高峰45座，现代冰川159条。藏语“贡”是冰雪之意，“嘎”意为白色。南北长约200千米，东西宽约100千米，主峰海拔7556米，为世界第11高峰，四川第一高峰。

贡嘎山山体为浅绿色花岗闪长石，附近山峰多由花岗岩组成。

峰顶近似平台，方圆约70平方米，常年为冰雪覆盖。主峰周围环立着145座海拔5000—6000米的冰峰，形成群峰簇拥、雪山相接的宏伟景象，在4600米以下，散布着草地及灌木林。

贡嘎山麓有现代冰川71条，面积达395.5平方千米，其中5条大型山谷冰川的冰层厚度达150—300米。最典型的是海螺沟冰川。沟内有中国最高最大的冰瀑布及冰川弧、冰川断层、冰川消融等景观。

海螺沟，沟口位于泸定县西南，是贡嘎山主峰区东坡的冰蚀河谷。海螺沟全长30.7千米，自然景观丰富多彩，包括规模大、海拔低的现代山谷冰川、大面积原始森林、大流量矿泉和特高的冰蚀山峰等，为世所罕见，特别以发育典型的海洋性冰川闻名遐迩。

沟内冰川长15千米，面积为16平方千米，是亚洲海拔最低的现代冰川，其海拔高度仅为2850米。整个冰川由大冰瀑布和冰川舌组成。大冰瀑布、冰川弧拱、冰川城门洞是海螺沟冰川的三大奇观。

大冰瀑布是海螺沟最为壮观的景观，位于冰川上部。这个宽1100米、落差1080米，由无数巨大冰块组成的瀑布，仅次于落差1100米的加拿大国家冰川公园的大瀑布，名列世界第二。由于冰川的运动和融冰的交替作用，产生了冰川弧拱、冰川城门洞、冰桌、冰桥、桥面潮、冰下河、冰人、冰兽等晶莹璀璨、秀丽迷人的冰川奇景。

冰川弧拱是具有“年轮”意义的大型冰川层有规律的弯曲现象。冰川城门洞为冰川舌前端冰崖之下的穹形巨洞。冰下河的出口，也是海螺沟主流的水源，随着冰川的消融退缩而不断地移动着位置。

在距冰川不过几千米的地方，有大流量的温泉、热泉乃至沸泉。沸泉水温高达90 ℃，可沏茶或煮鸡蛋。除此以外，莽莽苍苍的原始森林也堪称一绝。

贡嘎山的原始森林，呈现出完整的植被垂直带，植物种类科目复杂，仅杜鹃花就多达 78 种；此外，还有大熊猫、白唇鹿、雪豹等珍稀动物。这是一处兼具原始森林、雪山冰峰、草原、湖泊、温泉、飞瀑等景观的风景区。

伍须海，位于贡嘎山西南部的九龙县境内。伍须海藏语意为“发光的湖泊”，景区面积约 300 平方千米。周围有镇海石、天生桥、藏寒遗址、冰川、塔峰、瀑布等 19 处景点。伍须海周围青山环抱，幽静神奇，完全保持着原始生态。高数十米的云杉、松树，灌木丛中火红的杜鹃，阔达千亩的草地及鲜花，光亮无瑕的湖面，白云衬托的蓝天，共同构成了一幅五彩缤纷的画卷。这里还是一个天然的动植物园，湖水中的植物群落、各种飞禽走兽，为景区增色不少。

峨眉山

峨眉山月半轮秋，影入平羌江水流。夜发清溪向三峡，思君不见下渝州。

——唐·李白《峨眉山月歌》

峨眉山，位于四川峨眉山市（市因山而得名）境内，属邛崃山脉南段，1996 年 12 月被列入《世界自然与文化遗产名录》。

峨眉山为平畴突起的断块山。东部低山，势如锦屏，中部群峰如笋，西部山势巍峨，素有“峨眉天下秀”之称。主峰金顶海拔 3099 米。登金顶可观金顶四奇（云海、日出、佛光、圣灯）等四大奇观。从山麓到山顶分别属三个不同的气候带，雨量充沛，植物 3000 多种，故有“植物王国”之称。诸多特色自然景观遍布山间，如“洪椿晓雨”“象池夜月”“九老洞”等。

在仙峰右侧悬岩之上，古来就有个“九老洞”。传说轩辕黄帝巡游于峨眉山，在此遇一老人须眉皆白，惊诧地问道：就你老一人吗？老人回答：九老居此。问及年龄，九位老神仙已记不清楚，只

记得他们曾经在年轻时候为女娲娘娘炼石补天捡过石头。

林藜著《萍踪识小》一书中说：九老的名字分别叫作天英、天任、天柱、天心、天禽、天辅、天冲、天满、天蓬。由此看来，他们都是天字号的道家老前辈了，“九老洞”的得名源出于此。

佛光，也叫金顶祥光，古称“光相”，是日光成一定角度照射在云层上产生的衍射现象。每当雨雪初歇，午后晴明之时，阳光朗照，光映云海，游人立于睹光台上，可见自己身影被云面一轮七色光环笼罩，举手投足，影随身动，即是两人并肩而立，也各自只能看到自己的影子，绝无双影，故又名：“摄身光”。绝妙之处，殊非言语所能形容，亲临目睹，奥妙自知。

金顶圣灯也是金顶四奇观之一，在万佛顶建有铜殿一座，殿侧睹光台可观金顶月光，反而成了鲜明的衬托，月色更显得清丽皎洁。无论你望着天上的月，还是俯瞰着池中的月，似乎看得见嫦娥婀娜的舞姿，闻得见吴刚的酒香，牵动着你“婵娟与共”“天涯此时”的眷恋和遥想。唐诗人李白有《峨眉山月歌》咏赞峨眉月：“峨眉山月半轮秋，影入平羌江水流。夜发清溪向三峡，思君不见下渝州。”描述了一幅优美的峨眉山夜间景象。

洪椿晓雨在洪椿坪处，此处因有洪椿古树得名。后倚天池峰，前临象鼻岩，古木扶疏，浓荫蔽日。清晨，山峰林木就像罩上了一层薄薄的面纱，朦胧淡雅，又像一副大铜钟。寺周楠树蔽空，红墙围绕，伟殿崇宏，金碧生辉，香烟袅袅，磬声频传。

洗象池位于峨眉山钻天坡，原名初喜亭，意为游人到此，以为快到顶了，心里欢喜。清康熙三十八年（1699年）初喜亭扩建为寺。寺庙前有一六角形小池，传说普贤菩萨骑象登山时，曾在此池中汲水洗象，故得名洗象池。洗象池建筑规模较大，面积达3600平方米。屋顶为锡瓦、铅皮覆盖，殿内观音、地藏、大势至，衣袂飘逸，体态端庄。殿宇寓于一片冷杉林中，海拔约2100米，每当云收雾敛，碧空万里，月朗中天，万籁俱寂，宛若置身霄汉。

卧龙自然保护区

卧龙自然保护区是中国建立最早、栖息地面积最大、以保护大熊猫及高山森林生态系统为主的综合性自然保护区，以“熊猫之乡”“宝贵的生物基因库”“天然动植物园”享誉中外。

卧龙国家自然保护区，位于四川省阿坝藏族羌族自治州汶川县西南部，邛崃山脉东南坡，属国家级第三大自然保护区，是四川省面积最大、自然条件最复杂、珍稀动植物最多的自然保护区。保护区横跨卧龙、耿达两乡，东西长52千米，南北宽62千米。主要保护西南高山林区自然生态系统及大熊猫等珍稀动物。1980年，卧龙国家自然保护区加入联合国国际生物圈保护区网，是中国第一个自然保护资源特别行政区。

四川卧龙国家级自然保护区创建于1963年，当时面积2万公顷，

1975年，面积扩大到20万公顷，是中国建立最早、栖息地面积最大、以保护大熊猫及高山森林生态系统为主的综合性自然保护区。

这里群山环抱，地势从西南向东北倾斜，溪流众多。年平均温度8.9 ℃，最高温度29.2 ℃，最低温度—8.5 ℃，年降水量931毫米。保护区原始森林茂密，处四川盆地与青藏高原过渡带，从亚热带到温带、寒带的生物均有分布。

海拔1600米以下为常绿阔叶林；1600—2000米为常绿落叶阔叶混交林带，常绿树有蚩青冈、印叶钓樟，落叶树有水青树、山毛榉、槭等；2000—2600米为针阔混交林，以铁杉为主，其次为垂枝云杉、四川红杉、槭、椴等；2600—3600米为亚高山针叶林带，以岷江冷杉为主，林下有大面积箭竹；3500米以上为高山草甸和灌丛。不同类型的植被为多种动物提供了栖息场所。

卧龙自然保护区依靠得天独厚的自然条件，造就了茂密的森林和种类繁多的动植物资源。其木材蓄积量近两千万立方米，草药870种，是四川药材的重要产区，天麻、贝母、水母雪莲、黄芪等名贵药材产量丰富，有油脂类植物80种，淀粉及糖类植物42种，纤维类植物60种，单宁类植物42种，芳香类植物28种。此外，卧龙还出产大量的可食菌类、蕨苔，构成山珍野味的一部分。

在卧龙自然保护区繁衍生息的各种兽类有50多种，鸟类300多种。除了大熊猫外，还有金丝猴、扭角羚、白唇鹿、小熊猫、雪豹、水鹿、猕猴、短尾猴、红腹角雉、藏马鸡、石貂、大灵猫、小灵猫、猞猁、林麝、毛冠鹿、金雕、藏雪鸡、血雉等几十种珍稀野生动物。

卧龙自然保护区地理条件独特，地貌类型复杂，风景秀丽，景观多样，气候宜人，集山、水、林、洞、险、峻、奇、秀于一体，还有浓郁的藏、羌民族文化。区内建有相当规模的大熊猫、小熊猫、金丝猴等国家保护动物繁殖场；有世界著名的“五一棚”大熊猫野外观测站；有国内迄今为止以单一生物物种为主建立的博物馆——

大熊猫博物馆。

多年来，卧龙自然保护区以建设一流的国家自然保护区为目标，坚持保护和合理利用的方针，积极开展保护、科研、社区建设等工作，使以大熊猫为主的野生动植物资源和高山生态系统得到有效保护。

中国保护大熊猫研究中心自成立以来，通过不懈的努力，成功攻克了圈养大熊猫人工繁育工作中的“发情难、配种受孕难、幼仔成活难”的三大难关，人工繁殖大熊猫48胎、72仔，成活59仔，幼仔存活率已经连续5年达到100%。研究中心圈养大熊猫总数达到80多只，占世界圈养种群的60%，同时也培养、锻炼出了一支世界上最具活力的大熊猫科研队伍。

稻城亚丁

稻城亚丁景区是中国目前保存最完整、最原始的高山自然生态系统之一，呈现出世界美丽的高山峡谷自然风光，是中国香格里拉生态旅游区的核心。

稻城亚丁，位于甘孜藏族自治州南部，地处著名的青藏高原东部，横断山脉中段位于四川甘孜州南部，东南与凉山州木里县接壤，西界乡城县与云南省香格里拉县毗邻，北连甘孜州理塘县。

稻城，古名“稻坝”，藏语意为山谷沟口开阔之地。亚丁，藏语意为“向阳之地”，又名念青贡嘎日松贡布，即“圣地”之意。稻城亚丁属于高山峡谷类风景区，海拔2900（贡嘎河口）—6032米（仙乃日峰），面积1344平方千米，是中国目前保存最完整、最原始的高山自然生态系统之一，被称为“蓝色星球上最后一片净土”。

稻城高原是由横断山系的贡嘎雪山和海子山组成。两大山脉坐落南北，约占全县面积的1/3。这里地势北高南低，西高东低，群山起伏，重峦叠嶂，逶迤莽苍。

稻城高原遍布着丘状、冰蚀岩盆和断陷盆地，是中国最大的古冰体遗迹，即“稻城古冰帽”。海子山草原辽阔，冰蚀地形发育良好，冰蚀岩盆随处可见，共有1145个海子，规模与数量在中国都堪称独一无二，是研究第四纪冰川地貌的重要基地。

海子山怪石林立，大小海子星罗棋布，自然景色绚丽磅礴，是喜马拉雅山造山运动留给人类的古冰体遗迹。海子山海拔3600—5020米，方圆3287平方千米。站在海子山，极目远眺，天地无止无境，撼人心魄。海子山又是个天然的石雕公园，山内的天然石雕随处可见，千姿百态而又形神兼备，令人叹为观止。海子山还曾是恐龙生息繁衍的地方。1982年，科学家们在海子山中部发现恐龙牙齿化石和桉树化石，说明几千万年前，恐龙曾生存在这个地方。

稻城南部耸立着巍峨的高山——俄初山。它海拔5140米，藏语中意为“闪光的山”。俄初山高峻而巍峨，挺拔却不失俊俏，像一位美貌仙子端坐云霓。俄初山山形平缓、森林广袤，山上风云变幻莫测。秋季，俄初山层林尽染，万山红遍，正如它美丽的名字，在阳光下闪闪发光，在俄初山顶远眺贡嘎日松贡布雪峰，景色十分壮观。

俄初山东南是驰名藏区的佛教圣地，景区核心为在世界佛教二十四圣地中排名第11位的三怙主雪山，“属众生供奉朝神积德之圣地”。

三怙主雪山的北峰是仙乃日雪山，“仙乃日”是藏语，意为“观世音菩萨”，佛位排在第二位。仙乃日雪山是稻城亚丁内的三大高峰之首，是四川第五大山峰，海拔6032米，巍峨伟丽，端庄祥瑞。

仙乃日雪山如一尊慈善安详的大佛，端坐在莲花台上，在它前面的那座山是金刚亥母，它左边金字塔般的山峰是白渡母，右边飘拽着无数经幡的是绿渡母，绿渡母旁边林立的冰蚀角峰是众多降香母和妙音仙女。

在近千年的宗教文化影响下，稻城亚丁的大寺院建筑遍及全县，体现出浓郁的宗教色彩。稻城地区的节日、婚丧嫁娶、喜庆仪式、服饰、音乐歌舞等无不受到宗教文化影响，散发出让人难以抗拒的魅力，使雪域之外的人们纷纷走进这片圣地，领略那古朴独特的文化气息。

四姑娘山

1982年，四姑娘山被列为中国十大登山名山之一，1994年被列为国家重点风景名胜区，1996年被载入国家级自然保护区名录，2000年成为国家首批4A级旅游区，2005年被批准为国家级地质公园。

四姑娘山，位于四川省阿坝藏族羌族自治州小金县与汶川县的交界处，与该省的许多著名风景名胜区相邻。其北部为新近几年所发现的、全国面积最大的红叶景观区米亚罗，南部有著名的国家级风景名胜区青城山、都江堰和西岭雪山。

四姑娘山主峰是横断山脉东部边缘邛崃山系的最高峰，海拔6250米，山势陡峭，终年积雪。这里从北到南，在3.5千米的距离内，屹立着四座连绵的山峰，即大姑娘、二姑娘、三姑娘和四姑娘，通称四姑娘山。其高度分别为：6250米、5664米、5454米、5355米。每当有风时，山上积雪随风飘舞，四座山峰如同头披白纱、姿容俊俏的4位少女。四姑娘山景区还包括双桥沟、长坪沟、海子沟等景致。

四姑娘山东临岷江，西接大渡河。这里气候温和，雨量充沛；山顶地势险峻，白雪皑皑，山腰冰川环绕；山谷溪流清澈，山花遍野。景区内有雄奇壮美的山峰、茂密的原始森林、绿茵似毯的草甸、清澈奔腾的溪流、绚丽多姿的冰川瀑布、秀美的高山湖泊，较好地保持了其原始风貌。

四姑娘山森林茂盛，气候宜人，为丰富多彩的动植物提供了生存环境。在海拔 2500 米以上地段有原始森林分布，以高山针叶林、针阔叶混交林为主体。这里出产的红杉、红豆杉、连香树等是四川特有的珍贵树种。

在海拔 3700 米以上地段还有高山草甸分布。每当春夏之交，这里绿草如茵，繁花似锦，是良好的夏季牧场。山上还盛产天麻、贝母、虫草等名贵中药材。这里的兽类约有五六十种，鸟类约 300 种，金丝猴、扭角羚、白唇鹿、麝、红腹角雉等多种珍禽异兽出没其间。

除了四姑娘山的几个高山外，周围景观区内还有五色山、猎人峰、阿妣山、老鹰岩等几十座山峰。区内居住着藏、羌、回、汉、彝等民族，以藏族为主，在这里可以领略到古朴淳厚的民族风情。四姑娘山还是游人开展登山运动和高山旅游的好去处。

四姑娘山东麓的皮条沟两岸，是闻名中外的大熊猫故乡。皮条沟又名卧龙沟，沟内河流称皮条河，其河水流湍急，一泻千里，汇入绵江后经岷江流入长江。河流两岸，峡峰对峙。河中岩石高达三四米，矗立江心，经倾泻的河水撞击，激起朵朵浪花，犹如碎玉飞琼，十分雄伟壮观。常言道：未见熊猫奇，先观峡谷险。

皮条河畔奇峰竞秀，高山环抱，据悉海拔 5000 米以上的山峰便有百余座。这里千山万岭，遍布原始森林；山野青烟缭绕，雾气蒸腾。在一些山峰、山腰上，时常可以看见云气从天然石洞中喷涌而出。

四姑娘山临近的茂县是中国唯一的羌族自治县。羌族是一个能歌善舞的民族，每逢喜庆日子，人们便用传统乐器、伴着动人的歌声来欢庆。

黄果树瀑布

盖余所见瀑布，高峻数倍者有之，而从无此阔而大者。但从其上下瞰，不免神悚。

——明·徐霞客

黄果树瀑布在贵州省镇宁布依族苗族自治县西南15千米的白水河上。白水河从山区流出，到黄果树地段，河床突然断落，形成七股瀑布，在夏季洪峰时，七条巨龙合为一体，形成巨瀑，宽81米，落差74米，流量可达2000立方米每秒。泄入犀牛潭，其势如万马奔腾，汹涌澎湃，稍微走进则震耳欲聋，撼人心神，场面极为壮观。

黄果树瀑布属喀斯特地貌中的侵蚀裂典型瀑布，最早因河床突然出现了一个裂点，经河水长年累月不断地冲刷和溶蚀，裂点踏隙形成了一个落差，也就形成了瀑布的基本面貌。后因风雨溶蚀和雨水不断冲刷，又使原先形成的瀑布不断向后撤。据地质学家考证，迄今为止，黄果树瀑布曾有三次大的变迁，它后撤距离长达205米，现今的三道滩、马蹄滩、油鱼井便是它后撤留下的遗迹。地质学上，这一现象并称为“向岩后撤”。

黄果树瀑布一泻千里，气势非凡，古来闻名。早在300多年前，中国著名的地理学家、旅行家徐霞客就描述其“水由溪上石，如烟雾腾空，势其雄厉，所谓珠帘钩不卷，匹练挂遥峰，具不足拟其状也”。奔腾的河水自70多米高的悬崖绝壁上飞流直泻犀牛潭，发出震天巨响，如千人击鼓，万马奔腾，声似雷鸣，远震数里之外，令人惊心动魄。

有时瀑布激起的雪沫烟雾，高达数百米，漫天浮游，竟使其周围经常处于纷飞的细雨之中。黄果树瀑布素以“雄伟、壮观”而名扬四海，而其最神奇之处在于隐藏于大瀑布半腰上的水帘洞。水帘洞位于大瀑布40—47米的高度上，走近大瀑布本身就足以使人惊心动魄了，进入大瀑布中穿行，更加令人心悸不已。但到了黄果树瀑布，而不进水帘洞，就不会真正领略到黄果树瀑布的雄奇和壮观。

黄果树瀑布在水的溶蚀作用之下，形成了有山必有洞、有水必有瀑的奇特景观。附近奇峰林立，溶洞密布，河流纵横，还分布着18个大小不同、姿态各异的瀑布群，即“九级十八瀑”。著名的有陡坡塘瀑布、螺丝滩瀑布、银链坠潭瀑布、星峡飞瀑、滴水滩瀑布等，千姿百态，变幻无穷。

关于黄果树瀑布的形成，还有着动人的传说。传说白水河是一对私逃的苗族情人用白练变成的，为了阻止追兵，他们在黄果树下用剪刀剪断河水，于是出现了一泻千里的黄果树大瀑布和周围的小瀑布群。

黄果树大瀑布是黄果树瀑布群中最为壮观的瀑布，是世界上唯一可以从上、下、前、后、左、右6个方位观赏的瀑布，也是世界上有水帘洞自然贯通且能从洞内外听、观、摸的瀑布。1999年，黄果树瀑布群被世界吉尼斯总部评为世界上最大的瀑布群之一，列入世界吉尼斯纪录。

缙云山

缙云山素有“小峨眉”之称，可观日出，览云海，避酷暑，赏冬雾，饱尝碧绿的山林中的自然美景。

缙云山，古名巴山。由于山间早霞晚云，姹紫嫣红，五彩缤纷，古人观云雾之奇，称“赤多白少为缙”，故名缙云山。缙云山位于重庆市北碚区境内，距重庆市区55千米。风景区包括缙云山、北温泉、合川钓鱼城以及北碚至钓鱼城间嘉陵江沿岸风景名胜，为国家级自然风景名胜区，总占地面积76平方千米，海拔350—951米。

缙云山奇峰耸翠，林海苍茫，“山如碧玉水如黛，云在青天月在松”，素有“川东小峨眉”之称，具有巴山蜀水幽、险、雄、奇、秀的突出特征。

缙云山九峰是受地质运动及岩石节理裂缝没水侵蚀和岩体的自然作用而形成，大多因其山形、走向和日出日落而得名。九峰从东向西分别为朝日峰、香炉峰、狮子峰、聚云峰、猿啸峰、莲花峰、宝塔峰、玉尖峰、夕阳峰，峰峰形态迥异，各具特色。九峰中，以莲花峰最高，狮子峰最秀，香炉峰最奇，宝塔峰最著名。

狮子峰位于缙云九峰之中，紧邻缙云寺的狮子峰开发最早。因峰顶岩石裸露，嵯峨雄峙，像一头雄师匍卧峻岭而得名。狮子峰海拔868米，从缙云寺登狮子峰，沿途有680级石梯。峰前有一石拱门，是古狮子寨寨门遗迹。峰顶有一平台，叫“太虚台”，人们在此观日出、观云海、观明月、观大自然的气象万千，倍生感叹，故有“到了缙云山，不登狮子峰，美景未尽览，遗憾在心中”之说。

香炉峰与狮子峰相对，海拔845米。峰崖旁生一石柱，离峰崖3米，高约20米，笔直耸立，其势险峻欲崩，岩体隽秀，表面凹凸，形似长颈香炉，故名香炉峰。香炉峰表面石纹清晰，石缝迭迭，放眼看去，上上下下，宛如数块岩石叠置而成。尤其柱底一盘石，其底与石柱间隙深而宽，好似从异地飞来，搁置其上，在峰头耸立突兀，险峻欲崩，蔚为壮观奇特。峰前筑有“青云石寨”，为清光绪二十四年所修。在此峰上细观对面朝日峰，只见悬石壁上石纹如巨树年轮，圆中心如佛像，四周一圈大于一圈的石纹如光芒四射，这就是缙云山的一大景观——佛光岩。在此观览，定将山之灵气与人之福运融为一体，是游客必游之地。

相思岩在缙云寺侧的香炉峰下，纵横百米，深山一壁，光滑峻峭，气派壮观。岩下古木森森，幽重成林。岩崖底部，多处刻有宋代摩崖石刻，形状如堵，塔下凿有石窟，系埋葬俗人骨灰之地，其上刻有“相思崖”三个大字。岩巅高处有一巨石，远远望去，像是一个人在沉思，有人说这就是相思岩的来历。

舍身岩位于缙云山后山，坛子堡旁，海拔951.5米，是缙云山最高处。其间有一壁陡峭光滑的石岩，就是缙云山三大奇观之一的舍身岩。站在岩边远眺，缙云索道、北碚城区、观音峡、飞蛾山、鸡公山尽收眼底。缙云山舍身岩有飘物不落的奇观，在炎热的夏季，不论是有风还是无风的日子，往下抛落如草帽之类的轻量物都不会掉下去，到底是什么原因，目前仍没有科学解释。

在缙云山九峰之一的夕照峰下，叫金银口的地方，有一对左右相应的奇石，左边的一块像石鼓，右边的像石锣，均是天然而成。这就是缙云山有名的一景，石锣对石鼓。

梵净山

天下之山，翠于云贵，连亘万里，际天无极。

——明·王阳明

梵净山，一名“月镜山”，又名“饭甑山”，因山形上大下小，状若佛教僧人的饭甑，故名。梵净山自然保护区位于贵州省东部铜仁地区的江口、印江和松桃三县交界处，山体系武陵山脉的主峰，海拔为2572米。保护区东西宽约21千米，南北长达27千米，总面积为567平方千米。

保护区气候属大陆性季风气候，温暖湿润，年平均气温在5—7 ℃之间。该保护区始建于1987年7月，次年11月被接纳加入国际“人与生物圈”自然保护区网，成为中国世界级的12个保护区之一，并已被列为以亚热带森林生态系统和以黔金丝猴、珙桐树等珍稀动植物为主要保护对象的国家级自然保护区。

梵净山保护区内的原始森林达10 000公顷，森林覆盖率达80%以上。在此生活的高等植物有2000种以上，其中主要森林树种有406种，属国家一级重点保护的有珙桐树；受二级保护的有鹅掌楸、连香树、香果树等；受三级保护的有穗花杉、金钱槭、长苍铁杉等9种。保护区的动物种类也十分繁杂，其中兽类为57种，鸟类为173种，两栖类为36种，爬行类为60种。属国家一类重点保护的动物有黔金丝猴、华南虎；属国家二类保护的动物有熊猴、猕猴、红面猴和云豹；属国家三类保护的有林麝、王冠鹿、苏门羚和穿山甲等。它们当中有许多是濒临绝种的动物，最为珍贵的是黔金丝猴，梵净山是这种动物在世界上唯一生存的地方，且仅有7群约600只。

梵净山山势雄奇，巍然挺秀。主峰自顶至麓一劈为二，顶端相距仅数米，形成万丈绝壁，叫作“金刀峡”。相传佛教的创始人释迦牟尼及弥勒佛在此争地，各不相让，以金刀劈山为二，各据一边。山顶端有桥相通，桥为石砌成，叫作“天仙桥”。山麓有一危岩独立，人称“太子石”。在金顶一带有一片砾石悬崖，异彩纷呈，叫作“万宝岩”。还有一高达数十米的崖壁，层层叠叠，纹理清晰，像堆积如山的典籍，称为“万卷书”。在金顶与凤凰山之间有9个大小相连的池沼，人称“九龙池”，池旁有“九龙壁”。金顶、九皇洞、蘑菇岩一带有“佛光”，每当日出日落时，峰顶就会出现一道七彩光环，游人置身在奇妙的光环中，自有一种飘飘欲仙的感觉。

古人赞美梵净山是“天下众名岳之宗”，明代以后这里曾是佛教圣地。当时的地方官吏们就已经认识到了“草木者为山川之精华”的道理，提出在梵净山要永远地禁止积薪烧炭，这对梵净山森林的保存起到了积极的作用。今天，该自然保护区的建立更使梵净山森林和物种的保护、繁殖得到了有效的保障，使保护区仍保持着原始的自然景观，森林生态系统仍保持着原始平衡状态。由于保护区周围地区的工业化程度低，少有污染，空气新鲜，水质良好，环境处于最佳状态。

大片森林如同一个巨大的水库充分调节着旱涝季节的水量，特大暴雨时，山下的太平河太平无事；天气干旱时，保护区仍蓄有丰富的水量，使其周围的铜仁、江口、印江、松桃、玉屏等县的农业生产得以年年丰收。

梵净山是全国著名的弥勒菩萨道场，是与山西五台山、四川峨眉山、安徽九华山、浙江普陀山齐名的中国第五大佛教名山，在佛教史上具有重要的地位。1982 年，梵净山被联合国列为一级世界生态保护区，2012 年被国家旅游局批准为国家 4A 级旅游景区。

花 溪

花溪河两岸盛产彩蝶，种类达 200 多。若是阳春三月，蝶阵花潮，令人目眩神迷。

花溪，位于贵阳市南，距离南明河约 17 千米。花溪原名“花仡佬”，明朝前后，那里居住着贵州古老的土著民族仡佬族。仡佬族妇女着无褶“桶裙”，或用红色，或用五色，被人称作“花仡佬”，此地就是因此而得名的。河上所建之桥，即今花溪大桥的前身，便称“济番桥”。

明清之际，花溪的自然风景，还隐藏在荒野之中，未能引起世人注目。1638年，徐霞客由贵阳前往长顺，在《黔游日记》中，记载了花溪流经的5个地方。

抗日战争时期，达官贵人、文人雅士云集贵阳。内迁的上海大厦大学、杭州的芷江大学都曾开课于花溪。贵州省政府主持开辟花溪为公园时以“花仡佬”之名不雅，只取其“花”字，加上溪流的“溪”字，正式命名为“花溪”。

花溪的风景以麟、凤、龟、蛇四山为中心而展开。主峰麟山，碧峰翠岩，仿佛一头绿毛纷披的麒麟昂首天际，因而获“云卷青麟”的美称。有多条石径盘曲而上。半山有一天然石洞，名“飞云岫”，游人可往来穿行。洞外的“飞云阁”，危崖之畔可小憩。山巅的峭岩，状如麟角峥嵘。顶端的“倚天亭”，更有“刺破青天锷未残”的气概。向下鸟瞰，无论艳阳朗照，还是雾雨空漾，都令人产生凭空驭气之感，把公园各景，饱览无遗。螺髻一般的凤山，在花圃田畴中缓缓隆起。登上山顶，可见不远处的村寨石屋石墙石路，犹如银饰一般镶嵌在五彩的田野上。

龟山确如寿龟匍匐于自然美景之中。山势西来，河水东去。山上的疏林茂草中，建有一阁，供游人闹中求静。山左，“玉棋亭”可品茗对弈，山右，坝上桥伸出臂膀，迎来送往。

蛇山与龟山呼应，山势逶迤，如蛇行般曲折为三个小岫。岫洞各建一亭，左为“柏亭”，中为“蛇山亭”，右为“观瀑亭”。山脚有花圃、南湖、林荫。南湖中睡莲凌波，还游弋着中外驰名的珍贵两栖动物——娃娃鱼（大鲵）及其他名贵鱼种。这四座山峰，一反周围群山常态，山形玲珑小巧，仿佛人工堆砌，却实实在在是天生尤物。

花，虽不那么娇媚，却也点缀着时令。也许是好花引蝶来吧，花溪河两岸盛产彩蝶，种类达200多。若是阳春三月，蝶阵花潮，令人目眩神迷。

三江并流

三江并流地区云集了南亚热带、中亚热带、北亚热带、暖温带、温带、寒温带和寒带等多种气候类型和植物群落类型，是北半球生物景观的缩影。

三江并流，指的是位于云南省西北部的丽江地区、迪庆藏族自治州、怒江傈僳族自治州的三条大江（怒江、澜沧江、金沙江）并行而流的独特地理现象。

金沙江、澜沧江和怒江这三条发源于青藏高原的大江，在云南省境内自北向南并行奔流170多千米，穿越担当力卡山、高黎贡山、怒山和云岭等崇山峻岭，形成世界上罕见的“江水并流而不交汇”的奇特自然地理景观。

三条大江在滇西北横断山脉纵谷地区并流数百千米，三江相间最近处直线距离66.3千米，其中怒江、澜沧江最近处只有18.6千米的怒山相隔。景观主要有奇特的“三江并流”，雄伟的高山雪峰、险要的峡谷险滩、秀丽的林海雪原、幽静的冰蚀湖泊；少见的板块碰撞、广阔的雪山花甸、丰富的珍稀动植物、壮丽的白水台、独特的民族风情，构成了雄、险、秀、奇、幽、奥等特色。

三江并流是一部地球演化的历史教科书。印度洋板块与欧亚板块的碰撞造成青藏高原的隆起，构成了在150千米内相同排列的独龙江、高黎贡山、怒江、澜沧江、云岭、金沙江等巨大的山脉和大江形成的横断山脉的主体。这是世界上绝无仅有的高山峡谷自然景观。

三江并流地处横断山脉，是欧亚大陆生物南北交错、东西会合的通道。第四纪冰期曾给欧亚大陆的生物带来灭顶之灾，但三江并流地区独特的地形却为生物的存活提供了庇护，并成了这些孑遗生物的主要避难所。

在三江并流地区生存着包括孑遗植物领春木、水青树、秃杉、桫椤、长苞冷杉、光叶珙桐、独叶草、红豆杉、云南榧树等在内的34种国家级保护植物，而小熊猫、针尾鼹、林跳鼠等原始孑遗动物也得以躲过冰期，在此处繁衍生息。这里是与大熊猫齐名的国宝滇金丝猴的故乡，还有珍稀濒危动物羚牛、雪豹、黑仰鼻猴、戴帽叶猴、孟加拉虎、藏马鸡、黑颈鹤等珍稀濒危动物在这里栖息。

由于三江并流地区特殊的地质构造，欧亚大陆最集中的生物多样性、丰富的人文资源、美丽神奇的自然景观使该地区成为一处独特的世界奇观。这里云集了南亚热带、中亚热带、北亚热带、暖温带、温带、寒温带和寒带等多种气候类型和植物群落类型，是北半球生物景观的缩影，名列中国生物多样性保护"关键地区"的第一位，也是世界级物种基因库和中国三大生态物种中心之一。

丰富多彩的人文资源、美丽神奇的自然景观、参差多态的生物资源使三江地区成为全世界独一无二的壮丽奇观。4000万年前沧海桑田的变迁，造就了今日三江并流的宏伟与神奇。雄奇、险峻、幽深、秀丽、神秘……这片造物主精心缔造的净土，带给人梦境般的独特感受，仿佛是千万年苍茫岁月留给后人的无声诉说。

梅里雪山

夏季冰雪消融，一股股水流沿崖壁飞泻，像千万匹白练飘然而下，飘飘洒洒，十分壮观。待到阳光返照，云雾蒸腾，会有彩虹显现，恍若仙境。

梅里雪山属横断山脉，位于云南省迪庆藏族自治州德钦县和西藏的察隅县交界处，距离昆明 849 千米。梅里雪山处于世界闻名的金沙江、澜沧江、怒江“三江并流”地区。它逶迤北来，连绵十三峰，座座晶莹，峰峰壮丽。

雪山四周百里冰峰接踵，指天拔地，使人目不暇接。峰下谷深流急，气候变化莫测。梅里雪山主峰为卡瓦格博，位于东经 98.6 度，北纬 28.4 度，海拔 6740 米，是云南海拔最高的山峰。在藏文经卷中，梅里雪山的 13 座高峰，均被奉为“修行于太子宫殿的神仙”，特别是主峰卡瓦格博，被一些人尊奉为“藏地八大神山之首”，为当地藏民顶礼膜拜的对象。

在这一地区有强烈的上升气流与南下的大陆冷空气相遇，形成浓雾和大雪，并由此形成世界上罕见的低纬度、高海拔、季风海洋性现代冰川。雨季时，冰川向山下延伸，冰舌直探海拔 2600 米的森林地带。旱季时，冰川消融强烈，又同缩至海拔 4000 米以上的山腰。

由于降水量大、温度高，梅里冰川的运动速度远远超过一般海洋性冰川。剧烈的冰川运动，更加剧了对山体的切割，造就了令所有登山家闻之色变的悬冰川、暗冰缝、冰崩和雪崩。由于垂直气候明显，梅里雪山气候变幻无常，雪雨阴晴全在瞬息之间。梅里雪山既有高原的壮丽，又有江南的秀美。蓝天之下，洁白雄壮的雪山和湛蓝柔美的湖泊，莽莽苍苍的林海和广袤无垠的草原，无论在感觉上和色彩上，都给人带来强烈的冲击。

梅里雪山植被茂密，物种丰富。在植被区划上，梅里雪山属于青藏高原高寒植被类型，在有限的区域内，呈现出多个由热带向北寒带过渡的植物分布带谱。梅里雪山海拔 2000—4000 米左右，主要是由各种云杉林构成的森林，森林的旁边，有着绵延的高原草甸。夏季的草甸上，无数叫不出名的野花和满山的杜鹃、格桑花争奇斗艳，竞相怒放，犹如一块被打翻了的调色板，在由森林、草原构成的巨大绿色地毯上，留下大片的姹紫嫣红。

梅里雪山北与西藏阿冬格尼山、南与碧罗雪山相连，海拔6000米以上的山峰有13座，即传说中的“太子十三峰”。卡瓦格博峰作为云南第一高峰，海拔为6740米。它是藏传佛教的朝觐圣地，位居藏区八大神山之首。

梅里雪山以其壮丽、神秘闻名于世。早在20世纪30年代美国学者兼旅行家洛克博称卡瓦格博峰是“世界上最美之山”。每年秋末冬初之际，西藏、四川、青海、甘肃等地的香客们，不远千里赶来朝拜这座心中的圣山。他们要围着卡瓦格博峰绕匝做礼拜，少则7天，多则半月，在当地被称为“转经”。若逢藏历羊年，转经者更是增至百十倍，匍匐登山的场面，蔚为壮观。

石林风景区

石林风景区奇石竞秀，千姿百态，真可谓钟灵毓秀，巧夺天工，世人赞誉为“天下第一奇观”。

石林风景区，亦称路南石林，位于昆明市东南的彝族自治县境内，是中国最著名的风景区之一。石林面积广阔，约40多万亩。在世界同类型石林中，路南石林为最大。景区由大、小石林、李子箐石林、乃古石林、大叠水、长湖、月湖、芝云洞、奇风洞7个风景片区组成。其中石林的像生石，数量多，景观价值高，举世罕见。

石林之奇在于石，到处怪石嶙峋，奇峰似林，矮的几米，高的几十米甚至超过百米，千姿百态，被誉为“天下第一奇观”。在这里，几乎每一块石头都有一个很形象的名字，其中最负盛名的有莲花峰、剑峰池、母子偕游、万年灵芝、象踞石台、凤凰挠翅等等。

海内闻名的“阿诗玛”就在这里。它头戴围巾，身背背篓，头略仰，面西而立，好像采撷归来。这些千奇百怪的石头群，或密集重叠，或稀疏独耸，或错落有致，或成行成片，有的似塔似柱，有的似笋似树，有的似人似兽，更有的神似花鸟虫鱼，简直像一片大森林。

石林的形成绝不是神话所说的那样，从天而降，来自仙人之力，而是大自然的杰作。石林是石灰岩岩溶地貌——喀斯特地貌的一种特有形态。大约在2亿多年以前，这里是一片汪洋大海，沉积了许多厚重的石灰岩。经过各个时期的造山运动和地壳变化，岩石露出了地面。约在200万年以前，由于石灰岩的溶解作用，石柱彼此分离，又经过常年的风雨侵蚀，无数石峰、石柱、石笋、石芽拔地而起。石林就是这样经地壳运动，海水和风雨侵蚀而形成的自然奇观。

路南石林处处是奇峰异洞，遍地是怪石灵泉。石壁上奇石重叠，草木茂盛；花径中道路狭窄，天如一线。石峰上刻满了许多前人的题词，如“拔地擎天”“千峰竞秀”“万笏朝天”“彩云深处”“云石争辉”“南天砥柱”“天下第一奇观”等等，琳琅满目。

路南石林的主要风景胜地是李子箐石林，此处石林的面积约12平方千米，游览面积约1200亩。主要由石林湖、大石林、小石林

和李子园组成，游路5000多米，是石林景区内单体最大，也是最集中、最美的一处。穿行其间，但见怪石林立，突兀峥嵘，姿态各异。壁峰之间，翠蔓挂石，金竹挺秀，山花香溢，灵禽和鸣，一派生机盎然。

每年农历六月二十四日，是有名的彝族火把节。每逢这时，彝族同胞同其他各族群众都要从四面八方汇集到石林欢庆佳节。人们在白天举行摔跤、爬杆、斗牛等比赛活动，夜晚则燃起熊熊篝火，唱歌、跳舞、耍龙、舞狮，彻夜狂欢。现在，人们还利用集会欢聚之机，进行社交或约会，并在节日开展商贸活动。

石林与北京故宫、西安兵马俑、桂林山水相齐名，是中国四大旅游胜地之一，并在1982年被国务院批准列入第一批国家级风景名胜区名单。

西双版纳

西双版纳的原始森林给各种动植物提供了适宜的衍生地。这里生活着鸟类429种，兽类67种，其中被列为世界性保护动物的有亚洲象、兀鹫、印支虎、金钱豹等；国家一级保护动物有野牛、羚羊、懒猴等13种。

西双版纳，古代泰语为“勐巴拉那西”，意思是“理想而神奇的乐土”，位于云南南部西双版纳傣族自治州境内。这里以神奇的热带雨林自然景观和少数民族风情而闻名于世，是中国的热点旅游城市之一，每年4月中旬都会举行热闹的泼水节。

西双版纳属于北回归线以南的热带湿润区，是中国热带雨林生态系统保存最完整、最典型、面积最大的地区。西双版纳地区热量丰富，具有“常夏无冬，一雨成秋”的特点。这里一年只有两季，即雨季和旱季。雨季长达5个月，旱季有7个月，而雨季降水量占全年降水量的80%以上。

美丽富饶的西双版纳，就像一颗绿色的明珠，镶嵌在美丽多彩的云南。有人称它是亚热带植物王国皇冠上的一颗闪闪发光的绿宝石，有人称它是祖国南疆的一块碧绿的翡翠。

西双版纳北面有云贵高原作屏障，挡住了寒流，南面受印度洋西南季风和太平洋东南季风的影响，气候湿润多雨，森林繁茂，植物盛多。因此，西双版纳是当今地球上少有的动植物基因库。

1993年，西双版纳被联合国教科文组织收纳进国际生物圈保护区。西双版纳位于北纬21度08分—22度36分，东经99度56分—101度50分，属北回归线以南的热带湿润区。地球上与西双版纳同一纬度的其他地区，几乎都是荒无人烟的沙漠或戈壁，唯有这里生机盎然，四季常青。

在这片富饶的土地上，生活着植物2万多种，占全国的1/6，其中热带植物5000多种，速生珍贵用材树40多种。许多植物还具有特殊用途，例如，抗癌药物美登木、嘉兰，治高血压的罗芙木，健胃的槟榔等。

风吹楠的种子油是高寒地区坦克、汽车发动机和石油钻探增黏降凝双效添加剂的特需润滑油料，而桐子油则可以替代柴油。

被誉为“花中之王”的依兰香可以制成高级香料。这里还有1700多年前的古茶树，天然的“水壶”“雨伞”，会闻乐起舞、会吃蚊虫的小草，见血封喉的箭毒木……

西双版纳是国家第一批重点风景名胜区之一，面积达300多万亩，其中70万亩是保护完好的原始大森林，森林占全州总面积近60%，到处青山绿水，郁郁葱葱，以其美丽和富饶闻名遐迩。

广大茂密的森林，给野生动物提供了理想的休养生息场所，所以这里还是世界野生动物种类最多的地区之一。目前，已知西双版

纳有鸟类429种，占全国鸟类总数的2/3，兽类67种，占全国兽类总数的16%。其中，被列为世界性保护动物的有亚洲象、金钱豹、兀鹫等，有国家一级保护动物野牛、羚羊、懒猴等，还有许多二、三级保护动物。美丽富饶的西双版纳，真是名副其实的“植物王国”“动物王国”和“药物王国”。

虎跳峡

虎跳峡的水像千百只老虎在怒吼，水掀起了雪崩般的惊涛骇浪，虽然站在远处，却可以感受到丝丝雨丝飘落在身上。

虎跳峡，又名金沙劈流，是中国最深的峡谷之一。在云南省玉龙纳西族自治县（原丽江纳西族自治县）龙蟠乡东北。峡谷长16千米，南岸玉龙雪山主峰海拔5596米，北岸中甸雪山海拔5396米，中间江流宽仅30—60米。虎跳峡的上峡口海拔1800米，下峡口海拔1630米，两岸山岭和江面相差2500—3000米，谷坡陡峭，蔚为壮观，为世界上最深的大峡谷之一。

汹涌澎湃的金沙江自青海省玉树藏族自治州奔腾南下，穿过川藏交界的崇山峻岭，与澜沧江、怒江并肩而行，在进入云南境内的石鼓镇前，突然掉头北上构成一个“V”字形大湾，即“雄绝长江第一湾”。

浩浩荡荡的江流在这里横劈巍峨的横断山脉，把沿岸切割成狭窄的峡谷，在这众多的峡谷中，虎跳峡是最为著名的，它是中国也是世界上目前发现的最险、最窄的一处大江峡谷。虎跳峡夹于丽江县的玉龙雪山与中甸县的哈巴雪山之间。这是金沙江奔流至石鼓镇后，急转北流，切断两座雪山所形成的一处极为壮观、险峻的大峡谷。

虎跳峡峡谷的北面是中甸县的哈巴雪山，南面是丽江县的玉龙雪山。两山夹江对峙，海拔都在5500米左右。峡谷两岸峭壁千仞，构成了一道难以逾越的天堑，正如唐代诗人李白在《蜀道难》一诗中形容的那样：“黄鹤之飞尚不得过，猿猱欲度愁攀援”。

该峡区长16千米，迂回线长约18千米，分上、中、下3个段落，共有险滩18处，两岸高山夹峙，峭壁直立，一般水面宽60—80米，最窄处仅30米宽。相传曾有一巨虎自峡上一纵而过，因而得名虎跳峡。

江滩至峰顶高差3900多米，比长江著名的三峡要深2000多米，比美国著名的科罗拉多大峡谷深1800米，是世界上最险、最窄的峡谷，也是最深的峡谷之一。

金沙江江水在峡谷间奔腾咆哮，夺路飞驰，冲越7个陡坎，水势汹涌，声闻数里，上下缺口落差达200米，澎湃的江水震撼天地，惊心动魄。危崖绝壁之上，飞瀑从天而降。

峡谷内险滩密布，尤以虎跳滩最为神奇：湍急的江水从断岸山处凌空注下，冲击在横卧于江中的巨大礁石上，溅起漫天飞沫。头顶峭壁巉岩，脚下惊涛拍岸，形成了奇险壮丽的绝景。

虎跳峡南岸的玉龙雪山是中国著名的国家级风景名胜区之一。它是世界上北纬最南端的现代海洋性冰川，主峰下是漫无边际的冰雪天地，有典型的活冰川及古代冰斗遗迹。雪山自北南行，延绵35千米。全山共有12峰，并列如扇面，耸立在金沙江东侧。山顶终年积雪不化，似玉龙横卧山巅。

虎跳峡周围的主要景点有玉湖倒影、金川玉壁、仙迹奇境、雪原杜鹃、千海坝、绿雪奇峰、银灯炫焰等。

洱　海

风里浪花吹又白，雨中岚影洗还青。江鸥聚处窗前见，林狖啼时枕上听。此际自然无限趣，王程不敢暂停留。

——唐·杨奇鲲《游东洱河》

洱海，曾称为叶榆泽、昆弥川、西洱河、西二河等。位于云南省大理市西北，是云南第二大淡水湖。水面海拔1972米左右，北起洱源县江尾乡，南止于大理市下关镇，形如一弯新月。长约42.58千米，东西最大宽度9千米，湖面面积256.5平方千米，平均湖深10米，最大湖深达20米。湖泊的形状是长圆形的，很像人的耳朵，又因为湖泊风浪很大，涛声如同海涛，所以人们就称它为“洱海”。

洱海风景秀丽，水面苍苍茫茫，一望无边，北有弥苴河和弥茨河注入，东南汇波罗江，西纳苍山十八溪水，水源丰富，汇水面积2565平方千米，平均容水量为28.2亿立方米，平均水深10.5米，最深处达20.5米。湖水从西洱河流出，与漾濞江汇合注入澜沧江。岸边，垂柳碧绿苍翠，缅桂花洁白清香，火把花红似烈焰。

洱海西面有横列如屏的苍山，东面有秀丽挺拔的玉案山，空间环境极为优美。“水光万顷开天镜，山色四时环翠屏”，素有“银苍玉洱”“高原明珠”之称。自古及今，不知有多少高人韵士写下了对其赞美不绝的诗文。唐朝诗人杨奇鲲描写它为“风里浪花吹又白，雨中岚影洗还清”；元代郭松年《大理行记》又称它“浩荡汪洋，烟波无际”。凡此种种，不胜枚举。

洱海畔的苍山又名点苍山，因山色苍翠而得名，山景以雪、云、松著称。苍山由19座海拔都在3500米以上的山峰组成。峰顶上终年积雪，银装素裹，景色壮丽。“苍山雪”是大理风花雪月四景之一。苍山顶上有不少高山冰碛湖泊，还有18条溪水夹在19座山峰之间，缓缓东流，注入洱海。

洱海景观，四季各不相同，即便是一天中的不同时辰，也是变化万千。随着四时朝暮的变化，各种景观呈现出万千气象，于是古人又为之归纳出了“洱海八景”，分别为：山海大观、三岛烟云、海镜开天、岚霭普陀、沧渡濞舟、四阁风涛、海水秋色、洱海月映。

洱海八景中的四阁风涛，指的便是古人为观赏洱海所特意建造的天镜阁、珠海阁、浩然阁、水月阁。天镜阁位于海东；珠海阁位于洱海公园团山；浩然阁又名丰乐亭，位于洱海边；水月阁位于洱海北端双廊，与珠海阁遥相对峙。由于年深日久，四大名阁均已倒塌不全，但历代骚人墨客在这些名阁之中所作的赞颂洱海风光的诗文佳句却留诸世间，向人们诉说着洱海的奇丽景观。

洱海的海面宛如碧澄澄的蓝天，给人以宁静而悠远的感受，让人领略那“船在碧波漂，人在画中游”的诗画一般的意境。湖内有“三岛”“四洲”“五湖”“九曲”之胜。三岛：金梭岛、赤文岛、天儿岛。四洲：青莎鼻、大贯础、鸳鸯、马帘。五湖：南塘湖、北塘湖、联株湖、龙湖、波洲湖。九曲：莲花曲、大鹳曲、蟠肌曲、凤翼曲、萝肘曲、牛角曲、波作曲、高岩曲、鹤翥典。

洱海盛产鲤鱼、弓鱼、鳔鱼、细鳞鱼、鲫鱼、草鱼、鲢鱼、青鱼、虾、蟹等十余种珍馐美味。年产数十万斤，其中以弓鱼最为著名。弓鱼身形长瘦，鲜美异常，号称“鱼魁”，是洱海的特产。洱海的水生植物有海菜花、茭笋、慈菇、荸荠等。

洱海是白族祖先最主要的发祥地。两汉时期，生活在苍洱地区的古代大理人开创了大理灿烂辉煌的文明历史。到了唐宋时期，在大理建立的南诏政权和大理国，将大理的各族人民统一在祖国的大家庭中，为祖国西南边疆的统一和发展做出了巨大的贡献。可以说，洱海是白族的摇篮，也是大理古代文明的摇篮。

高黎贡山

高黎贡山是中国国家级自然保护区、世界生物圈保护区，是具有国际意义的陆地生物多样性关键地区，是具有重要意义的A级保护区。

高黎贡山，原意为“高黎家族的山”，位于云南西部和西南部，属横断山系中最西的山脉，是青藏高原唐古拉山脉的南延部分，从贡山进入云南后称为高黎贡山，并呈南北走向，大部分为中缅两国的界山。高黎贡山全长600千米，其中中国境内长504千米，平均宽50千米。高黎贡山是怒江水系和伊洛瓦底江水系的分水岭。

高黎贡山是世界同纬度地区保存最完好的自然综合体之一。其生物多样性被誉为“天然生物博物馆”“高山植物园”。高黎贡山海拔3000多米的雪线以上，长达90千米皑皑白雪横贯山脊，犹如一条银色巨龙在长空飘逸腾舞。

高黎贡山山脊两侧是茫茫无际的原始森林，一片葱绿的植物海洋。山体中古老的森林植被，明显划分为6个垂直带谱。这里是地质史上第三纪末、第四纪初冰川南侵时林木的避难所，孕育了高等植物1700种，兼有日本、中国及马来西亚3个植物区、系的特征植物，是世界罕见的多种植物荟萃之地。高黎贡山地形复杂，立体气候特点明显，地质史上极少受到冰川侵袭，因而保存了许多古老、独特的动物物种。

冬天，青藏高原风雪漫天，一些野生动物沿山脊南下到高黎贡山躲避严寒寻找温暖；夏季，滇南山区酷暑炎热，一些野生动物又沿河谷北上，到这里避暑度夏。久而久之，这里成为世界动物南北交汇的走廊，是“哺乳动物祖先分化的发源地”，也是世界鹛类、雉类的天然避难所和幸福的乐园。

有“动物自然博物馆”“物种基因库”之称的高黎贡山，其记录在册的动物有456种，属国家保护的野生动物有30种。其中羚牛是高黎贡山的古原生动物。兽类中属国家级保护的有12种，如蜂猴、灰叶猴、白眉长臂猿、金钱豹、华南虎、水獭等。此外还有昆虫2700种。鸟类有300多种，包括白尾梢红雉、红腹角雉、白鹇、金鸡、白腹锦鸡、红腹锦鸡、绿孔雀、太阳鸟和种类繁多的画眉等等。

高黎贡山的横空出世，和怒山、云岭一样，是亚欧板块和印度洋板块碰撞挤压而形成的。因抬升褶皱，高黎贡山既有气势磅礴蜿蜒重叠的山体、万丈崔嵬的深山大谷，又有壁似剑刃的悬崖危峰、峦低峰昂的丘壑山冈……这里的地貌奇观，被地理学家称为“世界地质的锁钥之一”。

恒 山

> 天地有五岳，恒岳居其北。岩峦叠万重，诡怪浩难测。
>
> ——唐·贾岛

恒山也被称为“太恒山”“元岳”，位于山西省东北部。相传舜帝巡狩四方时，看到此山山势雄伟，遂封之为北岳。其山势呈东北趋西南走向，西边与管涔山相接，东达河北边境，有108座山峰，绵延150千米，其中玄武峰（天峰岭）为主峰，在浑源县东南，海拔高度为2016.1米，气势雄伟。恒山还是桑干河与滹沱河的分水岭，有悬空寺、虎风口、北岳朝殿、会仙府、文昌阁等名胜古迹，为全国重点风景名胜区。

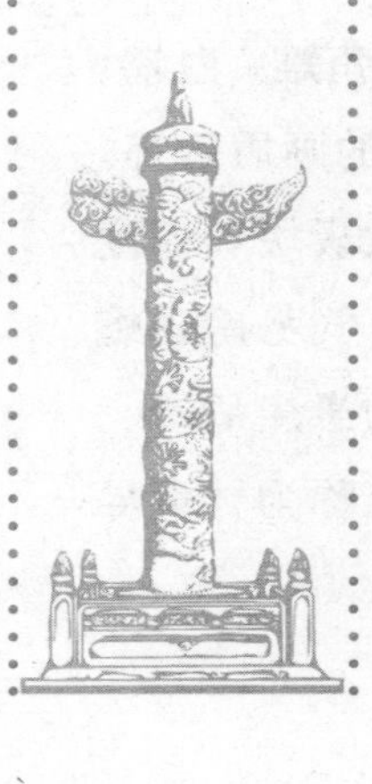

历史上北岳有两处，除此处外，另一处是河北曲阳县的常山。常山原名恒山，汉朝时由于避汉恒帝讳，遂改为常山。常山在河北平原之西，耸立于太行山前，景观雄伟，而且交通方便，曲阳还有规模宏大的北岳庙。晚明以后明确现在的山西恒山为北岳。

恒山相对高度1000多米，气势磅礴，仪态非凡。其西为翠屏山，东西两峰对峙，中间被一条断层切开，浑河沿断裂切割成峡谷，名为金龙峡。恒山形势险要，是古代山西高原与华北平原之间的重要交通孔道，自古为兵家必争之地，因而被誉为控关带水的“绝塞名山”。近代铁路交通的兴起，改变了原有交通格局，恒山作为通道“绝塞”的意义也发生了变化。但是作为中国历史文化和自然遗产，恒山仍然不失光彩。尤其是构筑于恒山峡谷悬壁之上的悬空寺，堪称光照千古的名山奇构。

悬空寺有大小殿宇40间，始建于北魏，是一座佛、道、儒三教合一的寺庙，寺内还有铜、铁、石、泥塑佛像80余尊。此外，恒山的北岳寝宫，北岳庙和会山府都与山岩洞壁巧妙地结成一体，令人心驰神往。

悬空寺的选址，的确非常人所能想象。它坐落在高约200多米的金龙峡西崖峭壁上，近乎垂直的悬崖凹壁间，凹深不过10米，长约40—50米，下距谷底80米，上离山顶150米左右。就在这凹壁上，倚岩作基，就崖起屋。寺庙背负翠屏峰，面对天峰岭，上载危崖，下临绝谷，栈道飞架，楼阁悬空，结构奇险，造型奇特。

古代诗人曾用“飞阁丹崖上，白云几度封，蜃楼疑海上，鸟到没云中”来形容悬空寺的奇险。唐朝诗人李白游览后，在岩壁上写下了

“壮观”二字。明崇祯年间，旅行家徐霞客游历至此，赞它是“天下巨观”。1500年前的先人竟能够在这样的悬崖峭壁上建造出如此精美的宫殿，让人不由得赞叹中国古代能工巧匠精湛的建筑技艺。

五台山

五台山最低处海拔624米，最高处海拔3061.1米，为华北最高峰，有“华北屋脊”之称。

五台山，又称“清凉山”，位于山西省东北部，山势呈东北趋西南走向，长约100千米。北部山形割切深峻，有五峰耸立，峰顶平坦。五台山以佛寺著称，有南禅寺、佛光寺、显通寺、塔院寺、菩萨顶、殊像寺等。传说这里是文殊菩萨说法的道场，与普陀山、九华山、峨眉山合称“中国佛教四大名山”。

五台山素有“华北屋脊”之称，因由五座高耸如平台的山峦环

围而成，故称五台山。最高峰为北台的叶斗峰，海拔 3061.1 米，五峰之中为低凹的山谷盆地台怀镇，海拔 1700 米左右。台怀镇夏季最热月气温为 17.8 ℃，有“清凉世界”之称，这也是清凉山名称的由来。

五台山以佛教名山闻名中外，东汉永平年间，印度僧人来中国传教，称五台山为文殊菩萨演教道场，奏请汉明帝在此建寺。此后，五台山经历 1900 多年的建设与发展，形成寺庙林立、殿宇相望的独特佛教文化景观。

五台山寺庙最集中的地区是台怀镇，这里五台环抱，土地平广，清泉淙淙，环境幽雅，颇有超凡脱俗的意境。著名的寺庙有 14 座，主要大寺又集中在盆地东南勃然凸起的灵鹫山周围，因山就势，直贯顶峰，其中规模最大、历史最早的是灵鹫山麓的显通寺。

显通寺占地 8 万多平方米，各种建筑 400 多间，有许多珍贵的文物，如铜殿、铜塔、大铜钟、大铜锅及无量殿等。此外灵鹫山上的菩萨顶、山下塔院寺高达 56 米的白塔，都是佛地的标志和象征。

在五台山的寺庙中，有两座举世瞩目的古寺——南禅寺和佛光寺。这是中国现存最早的木结构建筑，是中国建筑史上的瑰宝。南禅寺在五台山西南的阳白乡李家庄。寺庙的大殿建于唐建中三年（公元 782 年），殿内佛像大部分为唐代原塑，形象丰满，线条流畅，色彩丰富。

佛光寺位于五台县东北的佛光村，全寺房屋 120 余间，其中大殿为唐大中十一年（公元 857 年）所建。佛光寺的唐塑、壁画、墨迹与建筑合称“四绝”。它们不仅在中国，甚至在世界建筑史上也占有重要地位。

五台山具有重要的科学价值，人们在 19 世纪末就开始对五台山进行地质科学研究。五台山因前寒武系地层发育典型，层序较全，成为全国研究地层对比的重点地区之一。五台山还存有大量第四纪冰川活动的遗迹，是一座名副其实的地质科学博物馆。

太行山

独特的地形、地貌，珍稀动植物资源造就了太行山大峡谷最为奇异的自然风光，是国家4A级旅游景区、国家森林公园、国家地质公园。

太行山在山西平原与河北平原之间，为古老褶皱山脉，呈东北趋西南走向。太行山北起拒马河谷，南到山西省与河南省边境的黄河沿岸，延绵400多千米，海拔1000米以上，其中北段的高峰小五台山海拔为2882米，是河北省最高的山峰。

太行山中有紫荆关、娘子关、壶关、天井关等雄关和野三坡、苍岩山等风景区。太行在历史上是东西交通孔道，古有“太行八陉（山脉中断的地方）”之说。抗日战争时期在此建有太行山革命根据地。

太行山脉从山西平原东望是起伏和缓的山地，而在河北平原看则是重峦叠嶂直上云天，气势雄伟，蔚为壮观。人们在南来北往西上东下的交往中，发现和开发了不少名山胜景。这些景点犹如明珠闪闪发光，如北京西山、井陉的苍岩山、赞皇的嶂石岩、修武的云台山和济源的王屋山等。

太行山脉中段的井陉县苍岩山，是一颗太行明珠。苍岩山是由水平层理的砂岩构成的，断壁悬崖，古柏横空，重林蔽谷，景色奇险幽美。桥楼殿是苍岩山人文景观中的一绝。它飞架于危岩绝壁之间，下临深渊，上结悬崖，天景人艺融为一体，充分反映了中国古代能工巧匠的丰富想象力和高超技艺。

秀似江南的太行“一方绝胜”——嶂石岩，也属太行山脉中段，位于河北赞皇县境内。海拔1774米，由浅红色石英岩组成，为叠起三层陡崖的峰林地貌，南北绵延近10千米。每层陡崖高100—150米，层间有缓坡平台，成为天然栈道。平台上遍布天然次生林，形成丹立翠横、峻峭挺拔的雄奇秀美景色。砂岩裂隙发育，众泉绵绵不绝，泉水自崖壁直泻，形成飞瀑。槐泉四季不竭，为槐河之源。

太行山南部的云台山，平地崛起，壁立苍穹，主峰茱萸峰海拔1308米，气势雄浑博大，充分显示出太行气派。云台山不仅峰峦雄奇，峡谷幽奥，更难得的是林泉之秀丽。从山麓的温盘谷，到深山的小寨沟、老潭沟，山水盘回，清泉环流，五步一潭，十步一瀑，喷珠漱玉，绚丽多姿，逆源而上，林密草茂，谷深瀑高，峰峦皆美，被誉为水石动情的自然美小王国。老潭沟有高达300米的大瀑布，是中国落差最高的瀑布。茱萸峰则是历来重阳登高的好地方。

位于山西长治市壶关县东南的太行山大峡谷更是景色宜人。此地以五指峡、龙泉峡、王莽峡三大峡谷为主线，开辟紫团洞、云盖寺、水妖洞和真泽宫四大景区，共有峡景、水景、山景、石景、树景、林景和名胜古迹景观44处，景点400余个。

大峡谷谷内有浓荫蔽日、绿浪滔天的林海，刀削斧劈的悬崖，千奇百态的山石，甘甜可口的清泉，如练似银的瀑布，碧波荡漾的深潭，雄奇壮丽的庙宇，引人入胜的溶洞等景致。独特的地形、地貌，珍稀动植物资源造就了太行山大峡谷最为奇异的自然风光，是国家4A级旅游景区，国家森林公园，国家地质公园。

坝上草原

“风吹草低见牛羊”的坝上草原，冬季虽显漫长，但是夏季无暑，清凉怡人，7月平均气温只有24℃。这里水草丰茂、富饶美丽、晨夕各异，是休闲、避暑、度假的首选之地。

坝上草原，位于河北省张家口市以北100千米处到承德市以北

100千米处，平均海拔1486米，最高海拔约2400米。坝上草原总面积约350平方千米，是内蒙古草原的一部分，滦河、潮河的发源地。“坝上”为地理名词，特指由草原陡然升高而形成的地带，又因气候和植被的原因所形成的草甸式草原。此处因为在华北平原和内蒙古高原交接的地方陡然升高，成阶梯状，故名“坝上”。

坝上的风景十分美丽：夏季，这里天蓝欲滴，碧草如翠，云花清秀，野芳琼香，金秋时节，万山红遍，野果飘香；冬季，白雪皑皑，玉树琼花，这里的四季之景就如一首首优美的诗，一幅幅优美的画。

置身于坝上草清云淡、繁花遍野的茫茫碧野中，似有“天穹压落、云欲擦肩”之感。旅游季节坝上平均气温为17.4 ℃，是理想的绿色健康旅游休闲胜地。坝上天高气爽，芳草如茵，群羊如云，骏马奔腾，坝缘山峰如簇，碧水潺潺。

在夏季，游人上坝后即可消除暑热。凉风拂面掠过，顷刻间身心爽适。环顾四野，在茂密的绿草甸子上，点缀着繁星般的野花。大片大片的白桦林，浓妆玉肌，层层叠叠的枝叶间，漏下斑斑点点的日影。

美丽的闪电河如玉带环绕，静静地流过草原。牛群、马群、羊群群栖觅食，放牧人粗犷的歌声和清脆的长鞭声，融合着悦耳动听的鸟声，更给朴实的草原增添了无限的生机。

坝上草原的主要植物为多年生草本植物，高度约30—60厘米，每当风儿吹过，草原好似碧波荡漾。斑斓的野花，始于坝缘，有的灿若金星，有的纤若红簪，四季花色各异，早晚浓淡分明。在绿草的映衬下分外妖娆。

每当一轮红日冉冉升起时，绿叶上晶莹透明的露珠，立刻变成了闪烁的珍珠：各种植物转眼一片嫩绿，马群、牛群、羊群也在广阔的草原上开始蠕动，真是一片“天苍苍，野茫茫，风吹草低见牛羊”

的草原胜景。

夜幕来临后，游人可以坐在草原上享受独处之妙趣，也可以围着篝火，吃着烤羊腿、喝着马奶酒，跳舞、唱歌，感受蒙古人的热情。

野三坡

野三坡以它那野、奇、秀、险之美，吸引着越来越多的旅游爱好者，是每个人都可以企及的“世外桃源”。

野三坡，位于河北涞水县境内，与北京房山区十渡相邻，面积有460平方千米，地势由南向北逐渐增高，气候差异很大，因此分为上中下三坡，故名野三坡。野三坡包含了百里峡、龙门峡、金华山、佛洞塔、白草畔、拒马河等风景区。在各个风景区内又有一线天、老虎嘴、母子峰、抻牛湖、观音回首、龙潭映月、仙人指路、大龙门城堡、蔡树庵长城等几十个景点，为全国重点风景名胜区。

百里峡景区以自然风景游览为主，由呈鹿角状的海棠峪、十悬峡、蝎子沟等三条幽深的峡谷组成。被誉为“太行宠儿”的百里峡全长52千米，峡谷两侧陡峭的绝壁直插云天，而最窄处不足10米，还有各种岩溶景观和各种石景，具有雄、险、奇、幽的特点。“老虎嘴”“观音回首”“龙潭映月”“摩耳崖”“铁头崖”等20余处自然景点，其雄、险、奇景观为华北地区罕见。野三坡是目前发现的国内最大、最长的“一线天”峡谷，多部影视剧曾选择这里作为外景地。

海棠峪中漫沟都是野生海棠，花开时节，芳香四溢，蔚为大观。

白草畔景区因漫山遍野长满了野草而得名，这里地形地貌复杂，植物种类繁多，有十多万亩天然林地，较好地保存了原始森林的自然风貌，现为原始森林保护区。

这片天然森林里蚂蚁多得出奇，体大凶猛，嗅觉甚灵，离它几米远就能嗅到气味，朝你奔来。它咬人后死不松口。你若把它往外拽，其头部就会断在肉内。此物虽可恶，却有一个好处，就是能使毒蛇无生存之地。民间常识有：凡有蚍蜉（蚂蚁）的地方，就不用担心会出现蛇。

蚍蜉窝是一种天然的生物景观。它筑窝时倒出的土和草根，构成一个个坟冢状的园丘，大小不一，俯首即见，其中大丘竟高达 1 米以上。丘外如有敌情，穴内群蚁即倾巢出动，进行攻击。景区内还有一巨大的风动石，高 45 米，直径 10 米，形如馒头，故名“馒头山”，狂风吹过或用力推动，均会摇摇欲坠，却绝不会真的坠下来。

拒马河景区环境幽雅，气候凉爽，建有旅游度假村。拒马河、小西河四季不冻不竭。拒马河两岸奇峰翠峦，山石嶙峋，刀削斧劈般的峡谷和宽阔河谷相间，宛如桂林山水。河岸如意岭下，单体突起的沙丘和百步宽的沙滩与山水融汇一起，构成水浴、沙浴、日光浴相结合的天然浴场。现为疗养避暑游乐区。

金华山景区现为寻奇狩猎游览区。区内林海一望无际，瀑布飞流直下，清禅寺建筑别致。龙门峡又名大龙门关，是内长城的一处重要关口，拒马河水从中流过，两岸绝壁千仞，惊险万分，悬崖上有明代摩崖石刻数十处，包括诗词题记等。

大龙门城堡在拒马河南岸，是明代长城关口，关城为方形，南面以山为障，东西北用条石和青砖砌筑，十分坚固。现大部分保存完好。因地处偏僻，野三坡还保留有古老的风俗民情，现建有民族风情苑，内有各地少数民族村寨。

野三坡以野、奇、秀、险之美，吸引着越来越多的旅游爱好者，是每个人都可以企及的“世外桃源”。

白洋淀

> 要问白洋淀有多少苇地？不知道。每年出多少苇子？不知道。只晓得，每年芦花飘飞苇叶黄的时候，全淀的芦苇收割，垛起垛来，在白洋淀周围的广场上，就成了一条苇子的长城。女人们，在场里院里编着席。
>
> ——孙犁《白洋淀纪事》

一望无边的华北大平原上有一个秀丽的湖泊。它茫茫万顷，白浪滔滔，蒲绿荷红，渔歌菱唱，水鸟翻飞，这就是白洋淀。

白洋淀在河北省安新县境内，是镶在河北平原上的明珠。白洋淀由90多个大小不同的淀、泊组成，汇集了从南、西、北三面流来的潴龙河、唐河、府河、漕河、瀑河、萍河、孝义河、白沟引河等8条河流，水域总面积约有500平方千米。

白洋淀经历了由海而湖，由湖而陆的交替演变过程。在新生代第三纪以前，这里是海。后来由于西部山区的河流携带大量泥沙淤积到这里使海水变浅，逐渐形成河北中部平原和海滨平原地区交接的洼地。低洼的地方，由于海河水系的长期冲积，而渐渐淤沙成岸，积水成湖。古时候的白洋淀范围很大，曾有“汪洋浩渺，势连天际”的记载。后来由于泥沙不断淤积，特别是人们大规模地筑堤隔淀进行围垦，使面积逐渐缩小，形成了现在的白洋淀。

白洋淀很不规则，岸线弯环曲折。它和其他的大湖泊有一个明显的不同之处——它不是一片汪洋，而是沟壕纵横、水陆交错的一大片水域。湖内有3700多条河壕，把湖面分割成100多个大小淀泊。泛舟淀内，别有一番情趣。大淀烟波浩渺，水天一色；小淀绿苇环抱，恬逸幽静。沟壕纵横反而觉得它水回天远，意境无穷。钻入苇田，划入芦荡深处，忽而山穷水尽，忽而又柳暗花明。明月升起，水面漂浮一层轻雾，风声、浪声、虫鸣声，四处响起，余音不绝。

白洋淀是个大聚宝盆，素有“白洋大淀，日进斗金”之说。淀中鱼鳖虾蟹、野禽家鸭、菱藕鸡头、芦苇样样都有，单说鱼类就有数十种之多。

白洋淀的芦苇皮薄色白、韧性较强，品种多达10余种，面积11.6万亩，年产量约4447万千克。织出来的席柔软光滑，坚固耐用。盛夏时节，每根芦苇从秆到叶都是鲜绿的，绿得闪闪发亮，嫩得每片叶子都要滴出水来，临风摇曳，生机勃勃，穿行其间，野趣横生，有种神秘莫测之感，似入迷宫。芦苇具有横走的根状茎，在自然环境中，以根状茎繁殖为主，根状茎纵横交错形成网状，甚至在水面上形成较厚的根状茎层，人、畜可以在上面行走。

石花洞

月奶石只有在10℃的恒温的静水中、经过岁月的沉淀才能形成，这在中国是首次发现，在世界上也属罕见，极其名贵。

石花洞，原名潜真洞，又称十佛洞，位于北京房山区境内，为中国首家溶洞地质公园。洞内石花荟萃、异彩纷呈。整个洞体分为上下七层，一至五层为溶洞景观，六至七层是地下暗河及充水洞层。在自然的鬼斧神工下，洞内形成了让人意想不到的自然景观。洞内有美丽的石花、卷曲的怪石、壮观的石瀑布、玲珑剔透的晶花、有趣的石幔和难得一见的石笋等40多种天然形成的沉积形态。

石花洞是一个石灰岩溶洞，现在七层中的三层已经对外开放。一层至五层的洞道长度近2500米，总长度近3000多米，洞宽6—8米，最窄处仅能容一人通过，全洞有大小支洞60多个。在华北地区，石花洞是目前发现的少见的大洞穴系统，也是层数最多的溶洞之一，是中国的四大溶洞之一。

石花洞一共分成 18 个景区，120 多处景观以及 16 个溶洞大厅，地上有地层剖面等地质遗迹景观，为世界地质公园、国内重点风景名胜区。

石花洞最早发现于明正统十一年（公元 1446 年），相传为明代圆广法师于正统十一年（1446 年）云游此地时发现，并命名为潜真洞。而后，人们在西崖壁刻十王地藏菩萨，故又称十佛洞。明景泰七年（公元 1456 年）此洞改名为石佛洞。1978 年北京水文地质部门对该洞进行勘察并定名为石花洞，并于 1987 年正式对社会开放。石花洞现向社会开放仅限于一、二、三层洞穴。

第一层洞穴有四个大厅，包括大会堂、水屏洞、石帘洞天等，第一大厅可容纳千人；第二层最长达 849 米，洞壁密布着石帘、石幔、石笋；第三层洞中最为奇特的是一处犹如“莲花池”的石花，奶白

细腻，十分可爱，这种被称为月奶石的石花，只有在10 ℃的恒温下才可以在静水中缓慢形成，这在中国是首次发现，在世界上也属罕见，极其名贵。

石花洞有上百个景区景点，主要有：玉屏翠影、路南石林、蓬莱仙境、孔雀仙翁、露滴石笋、后宫仙帐、仙翁观瀑、仙女摘桃、天门异洞、通天洞、瑶池石莲、群仙赴会、壁流塔林、寄洞仙居、蟠龙玉柱、灵霄宝殿、花果山、壁流石、光明路、潜真洞天、大戏台、石大厅、南北大走廊、长廊大厅、老君堂、江南春早、玲珑宝塔、月奶潭、龙宫宝殿、玉柳垂峰峥嵘、仙女绣花台、定海神针、野竹林、玉花台、凌虚阁、玉井浇田、玉龙白马、梅竹芳林、天笋石林、悬空寺、仙人镜、翠云宫、宜乐门、秘宝花房、金塔银佛山、银锥剑库、五指石笋、海螺壁等。

石花洞第一层至第七层洞穴的落差约150多米，石花洞形成于古生代奥陶纪石灰岩中，石灰岩经过造山运动而抬升，后受水溶解和沉淀作用而形成溶洞，由此出现了丰富多彩的溶蚀景观。经过地质人员的考察，现已在石花洞附近地区发现了大中型溶洞36座，如万佛堂、孔水洞、清风洞、张良洞、银狐洞等。银狐洞现已对外开放。

第五章 华东、华南

神农架

> 神农架可入药的动、植物达上千种之多。白化动物和千年相传的“野人”之谜为世人瞩目。神农架是名副其实的“物种基因库”“天然动物园”“绿色宝库”。

神农架，位于湖北省西部，处于大巴山东部，为湖北省境内长江和汉水的分水岭。区内群峰林立，脊岭高耸，屈岭盘结。距今250万年前的第四纪，中国中部陆地处于冰川活跃期，而神农架鲜受波及，成了当时动植物的避难所，使众多生物得以生存繁衍至今，故有“中国冰川时期诺亚方舟”之称。

神农架在1986年被列为国家级森林和野生动物类型的自然保护区，1990年被联合国教科文组织接纳加入“人与生物圈”世界生物圈保护网。完好的原始生态系统、丰富的生物多样性、宜人的气候条件、原始独特的内陆高原文化，共同构成了神农架绚丽多彩的山水画卷，也使其享有“绿色宝库”“天

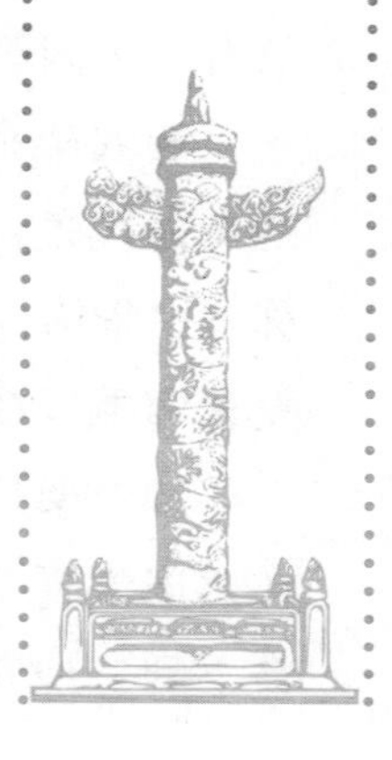

然动植物园”“物种基因库”“清凉王国”等众多美誉。

神农架，地处中国东西、南北植被过渡地带，得天独厚的地理位置使其拥有种类复杂的植物品种。神农架现存有1000余种树种，其中包括距今1000万—8000万年以前第三纪的珍贵孑遗树种，还有众多的珍稀动物，被誉为“华中林海”和“天然动植物园”。在神农架西南部大小神农顶建立了以金丝猴、毛冠鹿、珙桐、双盾木为主要保护对象的自然保护区。

神农架内生长着一种稀有树种，名叫珙桐，属珙桐科落叶乔木，是第三纪古热带植物的孑遗树种，为中国特有单属科、单种属珍稀植物，分布于陕西东南部、湖北西部和西南部、湖南西北部等地。在神农架林区，珙桐生长于中南部海拔约1600米的沟谷阔叶林，种群数量不多。珙桐的花朵奇特，花序有两片白色大苞片，形如飞鸽，故有“中国鸽子树”之称，已成为世界著名的观赏植物。

神农架是美丽的，它既有茫茫无边的原始森林，又有欣赏不尽的奇丽风景，也有盛传已久的野人出没。神农架的主峰神农顶，号称“中华第一峰”，海拔3053米，相传是神农氏搭梯上天的地方。夏秋两季，登上顶峰，云开雾散，万千景观尽收眼底。

神农架是个异常神秘、令人神往的王国。相传神农氏为治百病，在此遍尝百草。有一棵珍药生长在悬崖峭壁上，由于山势险峻，摘尝不到。神农氏砍倒周围参天大树，搭架攀上万仞悬崖，采下药，神农架由此得名。

既然神农氏能到此采药，这里药材肯定不少。不错，传说并非全是虚幻。神农架确实是一个药用植物王国，据统计，这里产的中草药有1300多种，种类之多居全国首位。天麻、黄连、乌头等常用药在这里俯拾即是，抗癌良药粗榧、三尖杉、蟹甲也屡见不鲜。人们给一些草药起了动听的名字，如“头顶一颗珠”（延龄草）“江边一碗水”（南方荷叶）“九死还阳草”（卷柏）等。

此外，神农架还有麝香、熊胆、虎骨等动物药材100余种。神农架内还有一些独特的药材。如有一种“白须树”，这种树是矮乔木，阔叶，皮呈深绿色，根部全是乳白色，长着线一样细的肉根，据传说，此根有极强的还阳功效，35岁左右的人吃了能返青还壮。

世界上一些地方曾发现过奇异的白色动物。如非洲的白狮、印度的白虎、台湾地区的白猴等，但为数甚少。而神农架却有许多白色动物，如白熊、白羚、白猴、白獐、白麝、白鼠、白蛇等共20多种，种类之多，数量之众，实为罕见。

神农架的白熊不像北极熊那么大，通体纯白，眼睛和嘴巴是红色，较为机灵，性子也比北极熊温顺，近似家畜。当地人还发现一种栖息在水中的白色怪物。这种怪物皮肤呈白色，头部像巨大的蟾蜍，两只圆眼比饭碗还大，嘴巴张开有几尺长，两前肢生有五趾，每当浮出水面时，嘴里喷出几丈高的水柱，接着冒青烟。

泰　山

岱宗夫如何，齐鲁青未了。造化钟神秀，阴阳割昏晓。
荡胸生层云，决眦入归鸟。会当凌绝顶，一览众山小。

——唐·杜甫《望岳》

泰山又名岱宗、东岳、岱山，位于我国山东省中部。山麓长约200千米，绵延起伏于济南、泰安之间。山体为片麻岩构成的断块

山地。主峰玉皇顶在泰安市北，海拔高度为1532.7米。山峰突兀峻拔、雄伟壮丽。

从泰山山脚到山顶，沿途有30多处古迹名胜，其中中路有王母池、斗母宫、经石峪、壶天阁。西路有黑龙潭、扇子崖、长寿桥等。中西两路会合后是中天门。登上天险十八盘后是南天门、碧霞祠、瞻鲁台、日观峰。中西两路之间有普照寺、冯玉祥墓。在日观峰看日出历来是泰山的一大胜景。在中天门至南天门间建有客运索道。泰山是世界地质公园，已被列入全国重点名胜区和世界文化与自然双重遗产。

泰山崛起于华北大平原东缘，凌驾于齐鲁丘陵之上，如鹤立鸡群，格外巍峨，大有通天拔地之势，故被古人视为顶天立地、“直通帝座”的天柱。泰山因其高，气候垂直变化，山下为暖温带，山顶为中温带。山上多云雾，年平均降水量达1132毫米，而山下只有750毫米。这种复杂的自然现象，在古代得不到科学解释，于是古人认为泰山是“出云播雨”“神灵所居”的天府，泰山也因此成为人们崇拜的山神。

自秦始皇至清乾隆的2000多年间，先后有13代帝王31次到泰山封禅或祭祀，使泰山拥有“五岳独尊”“雄镇天下”的至高无上地位。泰山还有悠久的宗教活动史、广大文人学士的游览观赏史、学者的科学研究史以及农民起义活动史等，从而构成了极为丰富的泰山历史文化内容。

泰山作为游览审美对象的历史，也源远流长，诗经中就有“泰山岩岩，鲁邦所瞻”的颂歌。最早在泰山留下足迹的名人当是孔子，“登泰山而小天下”。汉代史学家司马迁、天文学家张衡、文学家蔡邕、学者班固、马融等，都游历过泰山。东汉学者应劭的《泰山封禅仪记》，就是现存最早的游记之一。曹植、陆机、谢灵运、李白、杜甫、苏东坡、徐霞客等人都是泰山风景美学的重要开拓者。

泰山的文化遗迹中，尚有1800多处碑碣和摩崖石刻，其中大部分集中在岱庙至岱顶的登山道两旁。其年代，自秦汉至当代，连续2000多年；论书体，真、草、隶、篆，无不齐备；论流派，欧、赵、颜、柳，各呈风采；论内容，大多是点化名山胜景，弘扬民族精神，洋洋大观，浩浩古今。

数千年来，泰山的自然景观融入了帝王封禅、宗教神话、书画意境、诗文渲染、工匠艺术以及科学家的探索等，构成了独特的泰山文化。其主景区逐渐形成三重空间一条轴线的景观格局。所谓三重空间，一是以岱庙为中心的人间闹市泰安城，它是封禅、游览、朝山进香的服务基地，是古代的旅游城。二是城西南蒿里山的“阴曹地府”。三是南天门以上的仙界天府。一条轴线是指连接这三重空间的景观带，主要是泰安城岱庙中轴线北延岱宗坊上至玉皇顶长达6300级（号称7000级）的登道“天阶”。通过沿途三里一旗杆，五里一牌坊，一天门、中天门、南天门，构成一条“步步登天”雄伟壮丽的景观序列。

在泰山雄伟博大的怀抱里潜藏着秀丽的桃花峪，险峻的龙角山，奇特的天生桥，幽深的灵岩寺，奥秘的后石坞、天烛峪，高旷的岱顶等。泰山具有特殊的内蕴，即自然山体之宏大，景观形象之雄伟，赋存精神之崇高，山水文化之灿烂，名山历史之悠久。泰山无论在帝王面前，或平民百姓心目中，都是至高无上的，“稳如泰山”“重如泰山”“有眼不识泰山”的意识深入人心。世界上很难有第二座山像泰山那样，几千年来深入到整个民族亿万人的心中，并以其自然和文化融为一体的独特性立于世界遗产之林。

大泽山

大泽山主峰北峰顶海拔737米，是胶东半岛西部最高山脉，距城区35千米。其周围群峰嵯峨相抱，山腹谷幽林奇，山中泉水清纯甘洌，怪石千姿百态……

大泽山，古代亦称九青山，位于山东省平度市北部，面积约324平方千米。大泽山，因“群山环而易出泉，以此名也”。巍巍耸立的大泽山，大小山头2100多座，其中天柱、芝莱、御驾等较著名的山峰100余座，古时曾使“始皇游而忘返”“汉武过以乐留”。

大泽山景区目前开发出主峰、林场、大姑顶、天柱山、西麓、云山、洪山、葡萄特产与民俗等景点，吸引着海内外每年成千上万的游客前来观光旅游。

大泽山主峰北峰顶海拔737米，是胶东半岛西部最高山脉，距城区35千米。其周围群峰嵯峨相抱，山腹谷幽林奇，山中泉水清纯甘洌，怪石千姿百态，有的像吼狮，有的如脱兔，有的似少妇理鬓。

山中有聚景亭、普贤门、大泽晴云等36景观；还有为古代山东半岛佛教圣地的智藏武帝、汉宣帝等都曾在这里祭拜月主，汉武帝更在此得过灵芝；其附近二山上原有阴主祠，因秦皇汉武的御驾亲临而名御驾山。此山钟灵毓秀，宛如一天然盆景。

大泽山风景名胜区既以自然风光秀丽、文化古迹众多名闻遐迩，更以葡萄及各种花果之乡的美称而声名远播。有着数千年的栽培历史的大泽山葡萄品质极佳、风味独特，更被命名为“中国葡萄之乡”。

大泽山民俗极为浓郁，山民热情好客，每年葡萄成熟之际都举办“葡萄节”，热情豪爽的山民以其独特的方式，载歌载舞，庆贺丰收的喜悦，宴请四方的朋友。

嵩　山

> 下嵩山兮多所思，携佳人兮步迟迟。松间明月长如此，君再游兮复何时？
>
> ——唐·宋之问《下山歌》

嵩山，古称“中岳”，为五岳之一，位于河南省登封市北，由太室山、少室山等山组成。嵩山山峦起伏，有七十二峰，东西绵延60千米。主峰为峻极峰，也被称为嵩顶，属于太室山的一部分，海拔1491.7米。最高峰是御寨山，在少室山，海拔有1512米。嵩山是世界地质公园，国家重点风景名胜区。

嵩山自南北朝时期就是宗教文化重地，名胜古迹极多，主要有中岳庙、嵩岳寺塔、汉代嵩山三阙（太室阙、少室阙、启母阙）、嵩阳书院、观星台、少林寺、法王寺等。

嵩山构造复杂，断块隆起，巍峨壁立，形成了“嵩高惟岳，峻极于天”的雄伟气势。它介于古都洛阳和开封之间，因处于“地之中”而被封为中岳。

嵩山地形险要，自周、秦、汉以来，一直是军事重镇和兵家必争之地，也是文人墨客游览歌咏的胜地。古代帝王一般都要巡幸五岳，封禅泰山，唯有武则天，封禅中岳嵩山。武则天于公元696年腊月，登嵩山封太室，禅少室，为表示她大功告成，改嵩阳县为登封县，改阳城为告城，定年号为“万岁登封元年”。

嵩山风景区是人文荟萃之地，各级文物保护单位50多处，人文景观格外突出。著名的景点有嵩山中岳庙、少林寺、嵩岳寺、法王寺、嵩阳书院、测景台和观星台等。

嵩山中岳庙是规模宏大的宫殿式建筑群，布局严谨，轴线对称的九进院落，现存房屋400多间，古柏300多株，碑碣百余通。整个建筑群坐落在坐北朝南的山谷小盆地中，是典型的“风水宝地”。它背依黄盖峰，左右环山，前屏玉案山，轴线长达数千米，实为风景建筑佳例。

少林寺位于太室与少室山之间的小溪畔，风景优美。少林寺建于公元495年，是中国禅宗的祖寺，又是少林武术发源地。寺西松柏林中耸立着240多座少林寺高僧墓塔，造型各异，高低错落，是中国规模最大的塔林景观。

峻极峰南麓，坐落着大名鼎鼎的嵩阳书院，此为宋代全国四大书院之一。院中建筑并非原物，但两株“将军柏”，则是罕见的活文物。相传汉武帝元封元年（公元前110年）游嵩山时见此柏高大，封为“大将军”和“二将军”。“二将军”柏高18米，树干围12米，“大将军”略小些。千百年来围绕着将军柏的传说、游记、诗歌很多，为这两株古柏注入了丰富的文化内涵，构成了独特的中国古树名木文化。

崂 山

崂山地处海隅，山陡林密，自古被称为“神仙窟宅”“灵异之府”，是中国道教名山，盛时有“九宫八观七十二庵”

之说。

崂山，位于山东省青岛市区东部，由巨峰、登瀛、流清、太清、上清、棋盘石、仰口、花楼、北九水9个风景游览区和沙子口、王戈庄、北宅、惜福镇、夏庄5个风景区组成，规划总面积446平方千米，其中风景游览区面积161平方千米，有景点220处，是国家重点风景名胜区。

崂山是中国18 000千米海岸线上一座海拔1000米的高山，山体主峰巨峰（俗称崂顶）海拔1327米。崂山山脉系燕山期花岗岩组成，为花岗岩地貌景观，山体态势是以崂顶为中心，向东北、东、东南、南、西5个方向分支放射，东部和南部峭拔险峻，西北部连绵起伏。在山海结合部，岬角、岩礁、滩湾交错分布。崂山属暖温带海洋性季风气候，冬无严寒，夏无酷暑，温和湿润，年平均气温12.6 ℃，年降水量1000毫米左右。

崂山地处海隅，山陡林密，自古被称为“神仙窟宅”“灵异之府”，是中国道教名山，盛时有“九宫八观七十二庵”之说，被誉为“道教全真天下第二丛林”，其中太清官、上清官、太平宫等有千年以上的历史。

远在白垩纪早期，崂山已经逐步形成，山名曾沿称劳山、牢山、不其山、大劳山、小劳山、鳌山和崂山等。“劳山”之名始见于《后汉书·逢萌传》，由来颇具传奇色彩：秦始皇统一天下，欲求长生不死之药，曾登此山，因其登攀之艰难名曰“劳山”。又因崂山形如巨鳌，又名“鳌山”，而“崂山”之名则始见于《南史》。

崂山的自然、人文景观交相辉映，其中以12景最负盛名：明霞散绮、云洞蟠松、九水明漪、岩瀑潮音、蔚竹鸣泉、太清水月、海峤仙墩、龙潭喷雨、华楼叠石、巨峰旭照、狮岭横云、那罗延窟。这12景分布于9个风景游览区中，凡亲临其境目睹者，无不叹为观止。

巨峰景区特色有三，一是天象奇观。登崂顶可观巨峰三大奇观:云海奇观、彩球奇观、旭照奇观(即巨峰旭照)。二是奇峰荟萃。巨峰、比高崮、自然碑、虔女峰、五指峰等均汇集于此。登高远眺，群峰竞秀，山峦起伏，碧海接天，海波粼粼，甚为壮观。三是山林景观。巨峰至滑溜口、铁瓦殿等山路及黑风口一带，山林茂密，花木葱茏，幽静深邃，野趣横生。

登瀛景区以登瀛梨雪景观和幽邃深奥、涧谷景色为主要特色。中春时节，大地回春，登瀛遍山梨花怒放，疑是迟降瑞雪。迷魂涧、石门涧、石屋涧、茶涧等名涧或幽探，或曲折，或空旷，风光旖旎宜人。

流清景区以自然幽静的河谷景观、雄伟壮丽的峰岭山海景观以及流清河为中心的海岛沙滩景观著称。游客可在这里海水浴、乘船登岛，游赏海山景色，乐趣无穷。

太清景区为道教圣地。从波澜起伏的海湾，穿过茂林修竹，可达崂山最负盛名的道观太清宫，有汉柏、龙头榆、耐冬花仙“绛雪”等古树名花及修竹、红楠等，被誉为“小江南”。太清宫东有八仙墩、晒钱石、钓鱼台等礁矶奇观。“太清水月”“海峰仙墩”即在此地。

上清景区以道教名胜和自然山水景观为主要特色。古宫上清宫、明霞洞至今保持原有规模，宫内外植物有千年银杏、百年黄杨、杜鹃等。“龙潭喷雨”、八水清溪、千年古泉圣水泉以及松涛奏鸣构成山水奇观，瀑布飞泻，气势磅礴，龙潭碧水清澈见底，泉水荡谷，水鸣山幽。登天茶顶远眺，山海共生，“南天门”巍然挺立，旭日东起时瀚海碧波荡漾、金辉闪烁。如有机遇，在这里还可观赏到“明霞散绮”的胜景。

棋盘石景区具山海奇观和仙山胜景两大特色。自刻有“山海奇观”的巨石上行，往华严寺、鱼鼓石、那诺罗延窟奇洞到八仙石，神奇的画卷令人目不暇接。中山古树参天，泉心河谷溪水，山坳中隐藏着“云深不知处”的明道观。登上巨岩棋盘石，举目四顾，巨峰、五指峰、山海崮、南天门等崂山群峰尽收眼底，远处茫茫大海弥漫着万顷烟波。

仰口景区岚光霭气中群峰峭拔，争奇斗异，翠竹青松掩映着“海上宫殿”太平官，悬崖峭壁下隐蔽奇洞怪石。仰口海滩宽阔平展，沙质优良，海水澄碧，是理想的海水浴场。这里还是观日出的好地方，在有名的狮子峰巅可欣赏动人的奇观“狮峰观日”，在峰下可欣赏迷人的胜景“狮岭横云”。

王屋山

王屋山是国家级重点风景名胜区、国家 4A 级风景区，于 2006 年申请为世界地质公园，森林覆盖率达 98% 以上，珍稀动物繁多，具有很高的观赏和研究价值。

王屋山，位于河南西北部的济源市，面积 110 平方千米。整个风景名胜区由王屋山和石台山两部分组成。王屋山风景名胜区是国家重点风景名胜区。

王屋山群山叠翠，谷深洞幽，石径奇险，道观庙宇星罗棋布。山中共有奇峰 35 处、奇洞名泉 26 处、碧潭飞瀑 8 处、秀坪幽谷 15 处、洞天福地景观 5 处。

王屋山风景区，以攀登天坛绝顶为“主旋律”，顺次分为阳台宫、迎恩宫、紫微官、天坛顶和王屋洞 5 个主要游览点，各点之间又以自然风景相连，从而构成一条错落有致、节奏鲜明、曲径通幽、浑然天成的游览线，全线约长 50 里。

游览线的起点是阳台宫。宫后的天台峰状如凤首。宫前的九芝岭向南扇翅展开，形似凤尾。登高而望，还有凤膀、凤肩、凤背、凤腰、凤翅和凤心石等。站在山门前击掌，回音很像鸟叫，称为“凤凰鸣”。人们把这种奇异的地形比作“丹凤朝阳”。

阳台宫现存建筑布局是依山就势，自南而北，由下而上，高低错落，构图幽雅。主体建筑三清大殿和玉皇阁，一前一后，雄踞于中轴线上。三清殿重修于金正大四年（1227年），明正德年间维修时仅换了部分石柱和平板枋，其余主要梁架、斗棋等，仍系宋、元遗物。

玉皇阁为重檐楼式三层建筑，巍峨飘逸，极为壮观。阁内的八根冲天大柱高约16米，径粗两围。这两座建筑物的数十根石柱上，雕有云龙文饰，还有百鸟朝凤、喜鹊闹梅、苏武牧羊、张良进履、八仙过海、黄帝战蚩尤等各种浮雕，构图生动，刻工精美，艺术价值很高。

院中古柏均在千年以上，中有七叶菩提一株，围近3米，高14米，枝叶繁茂，已有1200余年树龄。院中有碑数十通，著名的李白《上阳台帖》真迹，已送往北京故宫博物院珍藏。

迎恩宫是古代山上道士迎接皇帝和圣旨的地方。宫北的华盖连珠峰蜿蜒而下，到此结成一小孤峰，形如垂珠，故名垂珠峰。峰西有紫微溪，东有滴水洞，汇流于前，所以此处叫作“二龙戏珠”。宫殿周围有5座小丘环绕，说是“五官朝宫”。此宫创建年代不详，现存建筑8座，均为乾隆时重建。

登天坛顶并不是游览的最后高潮，因为天坛神山还有一个奇韵天成的“深宫后苑”——王屋洞。这便是仙家所说的“清虚小有之天”，杜甫曾经北寻过的“小有洞”（《忆昔行》）。天坛胜景以恢宏博大取胜，王屋洞则以深邃迷离著称。

王屋洞包括王母洞和灵山洞，离天坛顶尚有十五六里惊险奇诡的羊肠小道。旧时香客一般都先登天坛，然后退回坛下，西寻太乙池。太乙池在黑龙洞前，为济水之源。王屋山下有愚公村，相传“愚公移山”的故事就发生在这里，现有愚公雕像。

黄　山

五岳归来不看山，黄山归来不看岳。

——明·徐霞客

黄山古称“黟山”，唐代改为黄山，位于安徽省南部黄山市境内。黄山为青弋江上游发源地，南北长约40千米，东西宽约40千米，有三大主峰，分别为莲花峰（1864.8米）、天都峰（1810米）、光明顶。黄山风景秀丽，以奇松、怪石、云海、温泉著称，为“黄山四绝”。

黄山七十二峰各具特色。明代著名旅行家徐霞客曾有“薄海内外，无如徽之黄山也。登黄山天下无山，观止矣”的赞语。黄山是中国重点风景区、世界地质公园，列入《世界文化遗产名录》。

古人有“矫激离奇，不可思议”“生平奇览”“有奇若此”“步步生奇”来描绘黄山之美。黄山奇在什么地方？奇在峰、石、松、云的奇妙结合。

黄山景观的基础是典型的高山花岗岩地貌。山中千米以上高峰72座，最高的是莲花峰，群峰陡峭，劈地摩天，峰峰皆“直削无枝，拔自绝壑”，奇险幽奥，变化莫测。

黄山花岗岩纵、横、斜三组节理发育，经长期风化作用，形成种种巧石，如人似物，变化无穷。

黄山松，顶平干直，盘根虬枝，苍翠奇特，分布在海拔800米以上，构成“无树非松，无松不奇”的景观。

黄山一年中200多天有云雾，故有“云雾之乡”的别称。黄山因有云海之美，故有“黄海”之称，整个风景区又分“五海”，即前海、

后海、东海、西海和天海。

黄山奇美的景观不仅在于峰、石、云、松各自之奇，更美在它们之间的有机结合。山峰高峻宏大，巧石纤细挺拔，巨细对比，景观生动而富于变化。石浑厚而质朴，松苍劲而洒脱，松得石而刚，石得松而灵。奇特的峰、石、松等静景与云雾的聚散、升降、奔涌、明灭等动静交融，使景观虚实相生，瞬息万变，升华、超脱，给人以无限的遐想。

温泉，黄山“四绝”之一。温泉在古代既可作为一种终年喷涌的景观，又可为游人沐浴之实用。黄山水景亦很丰富，有九折瀑、凝碧潭、百丈泉、人字瀑及逍遥溪等。玉屏峰、天都峰、莲花峰、北海、始信峰、云谷寺以及松谷庵诸景区，无不以它独特的景观令人陶醉。

如果把西湖比作西施，那么黄山可说是仙子，人间美女还要娇妆巧饰，而天山的仙子则是天生丽质。黄山从中国人的山水观来看，更是一座天然的山水画。游黄山，如赏画卷，步步有景，移步换景。这就是黄山与其他名山所不同的地方。

天柱山

天柱峰因峰顶如层塔，直如笋尖，故俗称“笋子尖”。天柱峰海拔 1488 米，凌空耸立，一柱擎天，直插云霄，气势磅礴，雄奇天下。

天柱山，又名潜山、皖山、皖公山、万岁山，位于安徽省潜山、岳西两县，面积 83 平方千米。天柱山分为梅城、野寨、玉镜、马祖、良药、东关、飞来、主峰等 8 个景区。天柱山风景名胜区是国家重点风景名胜区。

天柱山是霍山山脉主峰，因山有天柱峰，突出云霄，高耸千仞，如擎天之柱，故而得名为天柱山。早在西汉时期，汉武帝刘彻就曾经登览此山，并封为南岳。

经过几千万年的风化侵蚀，天柱山的花岗岩山体被自然雕琢成各种奇形怪状的模样，因而有了峰奇、石怪、洞杳、泉吼等独特的山岳风光。天柱山境内有 43 座有名称的奇峰，无名的奇峰有 84 座，还有十八岭、二十三洞、二十六岩、十七崖、七关、八池、三川、二溪、四十八寨以及许许多多的名胜古迹。凭借这么多奇山异水，天柱山每年都吸引无数的游客前来观光，是名副其实的江淮名山。

天柱山地处亚热带，气候温湿，动植物种类丰富。珍贵树种有香果树、银杏、三尖杉，特别是成片的珍珠黄杨与云锦杜鹃，生长在海拔 1000 米地带，形成高山特殊景观。珍贵中药材有石斛、灵芝、天麻、白术、茯苓等；云雾茶在唐宋时已负盛名。野生动物有豹、野猪、山羊、斑狗、獐、花面狸、琴鸟、四声杜鹃、娃娃鱼等。

天柱山南麓是野寨景区，前临清澈的潜水和洁净的河滨沙滩，后为绿荫婆娑的千年古刹三祖寺，旁有北宋诗人黄庭坚（字涪翁）读书处——“涪翁台”和石牛古洞。石牛古洞的清泉旁，有如牛大石，横溪而卧，石上有两个蹄印。这里环境幽静，自古就有“靡靡谷”“滚滚泉”“天下奇观”“人间乐园”之称。

自唐代长庆年间至今约1200年来，在古生石洞的夹溪石壁上，游士的铭刻遍布其上，故今日诗词满壁，几无隙石。目前完好无损的壁刻尚有300余处，小字盈寸，大字三尺见方，行、楷、隶、篆、草各体齐全，刚劲雄浑，逸秀、圆润，各见其长，如同一条书法艺术长廊，蔚为壮观。

天柱山的马祖、良药景区在马祖庵一带，附近有马祖洞、雪崖瀑、激水瀑、猪头石、霹雳石、良药坪、炼丹台、莲花洞等胜景。这里视野开阔，遥望天柱诸峰，高插云里，如出水芙蓉置于云海之中，时隐时现。

近处的天书、降丹、天蛙三峰成鼎立之势，峰形各异；天蛙峰顶覆盖一石，形似蛙状，仰头张口作跃鸣之姿，十分逼真。香子峰上的猪头石，像是一头野猪在张口拱食西瓜，人们把此巧景称为“猪八戒吃西瓜”。还有那霹雳石，色苍润，形浑圆，嵯峨巨大，一线中开，宽尺许，上下匀齐，如切瓜果，俗称雷打石。

作为天柱奇观的“天柱晴雪”，在东关景区内。此处还有许多奇峰、怪石、奇松。站在青龙涧山峦之间南望，只见翠绿古松之上有“白雪皑皑”的山峰，千年不化，四季可见。在骄阳照射下，那晶莹玉洁的山峰光彩夺目，月夜观赏，犹如天空琼瑶，清辉烂漫。原来山峰上是石英砂体白而发亮，在阳光的照射下闪闪发光，看上去就像“雪山”一样美妙。

这里的天狮峰，为天柱山的第三高峰，形如猛狮，峰顶巨石似狮口伸出的舌头，形态逼真，引人入胜，此外还有迎真、鼓槌等奇峰。天柱奇松有迎客松、姊妹松等。松石相趣，美不胜收。

紧紧相连的飞来、主峰景区，是天柱山胜景精华所在。这里群峰竞秀，怪石嵯峨，高山平湖，洞谷深幽，有五指、莲花、御珠、飞来、天柱等23座海拔1000米以上高峰；有炼丹湖、神秘谷等胜景；有似人似动物的怪石和千姿百态的奇松。

炼丹湖海拔1100米，面积20 000多平方米，是一座大型高山人工湖。它像一颗明珠镶嵌在群山之间，给天柱山增添了璀璨的光彩和诱人的魅力。大坝高18米，长百米，下游是百丈峡谷，终年湖水喷泻而下，组成一幅巨大飞瀑水帘，珠玉四溅，奇特瑰丽。

神秘谷位于飞来峰与天池峰之间，这是海拔1100米，深500多米，全长450米的峡谷，由各种形状的自然岩石堆垒而成。入洞顿觉寒风飕飕，凉气袭人，左拐右旋如入迷宫，匍匐前行，偶见一线阳光，灿如金蛇。

扶石而上，即是天桥，过天桥又是一洞，进入洞内20米，可

见石滑如珠、流水潺潺，恰似龙宫世界千回百折，又见大洞套小洞，洞洞景色不一，幽深莫测。

飞来峰险峻挺拔，气势宏伟，为天柱山第二高峰。峰顶有巨石，浑圆如盖，形如石冠，盖在飞来峰顶上，故称“飞来石”。登上天池峰顶，有顶天立地之感，只见这里莽莽苍苍、云遮雾绕的远近奇峰，好似进入飘然仙境。

天池峰顶峭石陡壁，忽开两岩，中间架着高悬云天的两道约五尺多长的石桥叫渡仙桥，又名试心桥。桥下，千丈绝壑，万寻深渊。渡桥时，有兴者往来疾步，心旷神怡，胆怯地左顾右盼，寸步难移，试心桥便由此得名。峰顶上有水池两口，一方一圆，方者五尺，传为仙女浴池，小者不到一尺，传为天女脸盆，池水清澈见底，终年不干。穿过渡仙桥，峰顶对面就是天柱峰。

天柱峰因峰顶如层塔，直如笋尖，故俗称“笋子尖”。天柱峰海拔1488米，凌空耸立，一柱擎天，直插云霄，气势磅礴，雄奇天下，有摩崖石刻“孤立擎霄”“中天一柱”8个大字横书其上，“顶天立地”4个大字直书其下。

琅琊山

环滁皆山也。其西南诸峰，林壑尤美，望之蔚然而深秀者，琅琊也。

——宋·欧阳修

琅琊山亦称“琅邪山”“琅玡山”，古名摩陀岭，系大别山向东延伸的一支余脉，在安徽省滁州市西南。东晋元帝司马睿在称帝前是琅琊王，曾在此避乱，故后人改“摩陀岭”为“琅琊山”。山东省也有一座琅琊山，在胶南书市南境，秦始皇曾到此登游，建琅琊台、石碑。这里介绍的是安徽的琅琊山。琅琊山层峦叠嶂、曲径幽泉，林壑优美，有醉翁亭、琅琊寺、归云洞、无梁殿等古迹和摩崖碑刻数百处，为全国重点风景名胜区。

“野芳发而幽香，佳木秀而繁阴，风霜高洁，水落而石出者，山间之四时也。”这是欧阳修在《醉翁亭记》中的一段文字，讲得就是琅琊山的美色，数语道尽琅琊山之秀美。

琅琊山海拔317米，虽不高，但山峰“耸然独立”，谷则“窈然而深藏”，山中古寺梵宇隐伏，林壑清幽，古有“蓬莱之后无别山”之誉。这里古迹众多，有始建于唐的琅琊寺，有中国四大名亭之首的醉翁亭，有古驿等历史遗迹，还有250余方唐、宋、元代的碑碣和摩崖石刻。其中唐吴道子画观音像、李幼卿等摩崖石刻，以及苏东坡书的《醉翁亭记》《丰乐亭记》碑，尤为珍贵。

琅琊山景区面积有115平方千米，森林覆盖率达90%。景区内具有十分丰富的动植物资源，古树名木遍布景区古建筑群周围，琅琊山特有的琅琊榆、醉翁榆苍劲挺拔，琅琊溪淙淙流淌，让泉、濯缨泉等山泉散布林间，归云洞、雪鸿洞、桃源洞、重熙洞等洞洞神奇，九洞十八泉处处引人入胜。茂密的森林，清幽的景色使其具有“皖东明珠”的美誉。

唐寺、宋亭、南唐古关、幽深古道相映生辉，吸引了宋朝以后历代的文人墨客、达官显贵前来访古探幽，吟诗作赋，造就了琅琊山独有的名山、名林、名泉、名洞、名亭、名寺、名文、名人等“八名”胜境。

深秀湖景区位于醉翁亭至琅琊寺山道中间的南侧，原系琅琊溪畔的一个小潭，古人游山时喜欢在这里垂钓。湖周峰峦簇拥，环境清幽，后来修建了湖心亭、九曲桥、水榭、轩廊、石矶等建筑，还整修了湖畔的蔚然亭，并在其附近山上建造了琅琊书斋，接待游客食宿，成为一个独立的风景游览区。此湖以欧阳修《醉翁亭记》一文中“蔚然而深秀”之句，取名“深秀湖”，亦颇切合这里的自然景色。

琅琊山风景清丽，空气清新，山势较缓，步道很多，十分适宜游玩。游人在山中漫步，赏四时之景，听流水潺潺，观摩石刻，与四大名亭之首的醉翁亭来个亲密接触，亦可附庸风雅一番，然后可去江北名寺——琅琊寺礼佛求签，看看千尊玉佛。整个景区，一日便可从从容容游完。

青龙峡

边池坝上几乎都生长有苔藓、水草和植物，它们的嫩绿色不仅使边池坝的黄色鲜艳了许多，而且也给青龙峡的水流带来了生命，使其犹如一幅生机盎然的画面展现在人们眼前。

青龙峡，位于焦作市北部25千米处的太行山区，地处修武县西村乡境内，和山西省接壤。景区总面积约108平方千米，由青龙峡、净影峡、双脯、影寺盆地、猕猴谷、马头山、大山脑七大游览区组成，是河南省唯一的峡谷型省级风景名胜区，有“中原第一峡”之称。

青龙峡景区奇特的峡谷地貌、清澈飘逸的流泉飞瀑、丰富的动植物资源、原始的生态环境、积淀深厚的历史文化遗存、美丽动人的神话传说、浓郁的山村文化与民俗，共同构成了这方集北方风光与江南水韵于一体的生态旅游热土。

青龙峡景区内，峰、崖、岭、崩、台、沟、涧、瀑、潭、川、洞等山水景观齐全，大自然的鬼斧神工在这里得到充分展现。这里山清水秀、环境优美、气候独特、空气清新，苍山翠岭，雄奇险秀，幽秀奇峡，泉瀑争流，万年溶洞奇异神秘，千年古树相映生辉，充

满了原始的神秘，尽显大自然的神奇。盛夏之季景区常温在18—25 ℃之间，是大自然赐予人类的一处天然“氧吧”、避暑胜地，是人们回归自然、感受自然，进行原始生态游的绝境佳地。

青龙峡景区内溶洞资源丰富，有独具特色的青龙洞、黄龙洞、三官洞、大小仙洞、两亲家洞等20余处。洞内地貌奇特，形态各异，令人称奇叫绝。青龙洞位于陪嫁妆村前悬崖下，分南北二洞，北洞为主洞，洞宽8—10米，高2米，洞内常年水流不断，洞深40余米处有一水潭，潭水如墨，伏于水面可望见洞内大厅，但洞深几许连当地百姓也不知晓。

南洞为副洞，由于洞内外温差的缘故，盛夏清晨或傍晚，会有缕缕白雾从洞中涌出，漂浮于山腰，形成云海，将青龙洞装饰得如仙境一般。青龙洞南200余米处的山坡上建有青龙王庙，相传此庙建于明嘉靖年间，距今已有500余年。

庙外屋檐下悬挂的清光绪皇帝御书的“惠普中州”匾额，虽经历百余年风雨洗礼，字迹仍清晰可辨。三官洞位于陪嫁妆村东北2000米处一山峰下，洞深500余米，分上、中、下三个大厅，洞口高 10 余米，宽 8 米。洞内幽潭相连，飞瀑跌落，没于水中梯田一般的钙化地貌边石坝如游龙戏水，似盘龙沉睡；悬于洞顶立于洞壁的石钟乳、石笋姿态万千，晶莹剔透，将溶洞装饰得富丽堂皇。

青龙峡风景名胜区生态完备，植被茂密，原始次生林覆盖率达 90% 以上，植物种类多达 80 科 600 余种，其中珍稀植物有青檀、红豆杉、太行菊、黄连等；古树名木有千年椰榆、寄生树、白皮松、牛荆树等；山珍有野木耳、野头参、何首乌、观音茶等；野山果有桑葚、野葡萄、山木瓜、野草莓、野山桃等。岩柏、油松等常绿树林中栖息着众多珍禽异兽，主要有金钱豹、野猪、黄鹿、太行猕猴、松鼠、黄尾锦鸡、野鹰等。

青龙峡还是一处泉、潭、瀑、溪川流不息，峰、岩、洞、石秀丽神奇的山水画廊，游客走在谷底，行在水中，一步一景，步移景迁，九曲十八弯，弯弯景不同。在这里，游人可以观日出，游峡谷，赏猕猴，避酷暑；还可以开展春游、探险、攀岩、野生考察和住山村、访民俗、品民风等活动，让广大游人访古猎奇、返璞归真、真正领略野趣之美。

青龙峡的岩性由两部分组成，下部即沟底为寒武纪的门云质灰岩夹泥砂质页岩组成，上部即沟周围的山峰为中奥陶统乌家沟组成的灰岩组成。青龙峡现在开放的游览线长达 2000 多米，主要景观都在峡谷的底部。

青龙峡虽说是峡谷，在峡谷中可看见瀑、泉、溪、潭、湖五大类水景，但此处的水景大大有别于其他。此峡谷溪流中的瀑是如此之多、如此之美。这种瀑的形成，主要是因为在溪流中有无数的钙化形成的“堤坝”，也就是“边池坝”，当地人称其为“琼海玉坝”。一个边池坝就形成一个小潭，同时也就形成一个小小的瀑布，这三者是配套的，当地人称此景观为“金碧流玉”。

边池坝上几乎都生长有苔藓、水草和植物，它们的嫩绿色不仅使边池坝的黄色鲜艳了许多，而且也给这峡谷的水流带来了生命，使其犹如一幅生机盎然的画面展现在人们眼前。

青龙峡的标志性景观是“叠翠瀑”。它由上下两个边池坝形成的水潭组成。边池坝长满了绿色的植物，形成了“苍翠欲滴”，故又叫“叠翠瀑”。这种瀑布景观在中国的北方是很少见的。

站在陪嫁妆村前的悬崖边俯瞰到的是青龙峡谷，它像一条安然而卧的巨龙，前不见首，后不见尾。迂回蜿蜒、七曲八弯的峡谷溪流将谷内泉、潭、瀑、湖连为一体，阳光下犹如龙鳞闪着银光，熠熠生辉。

青龙峡峡谷内泉瀑众多，泉水水质清冽，色泽如翠。典雅秀美的幽瀑因谷底两块巨石将溪水分割成一个天然的“幽”字得名；旺荣瀑则如玉帛飞挂，气势宏大，掩映峡谷。净影峡位于青龙峡景区的西部，全长 22 千米，北与山西省陵川县接壤。

钟　山

湖中有五岛，以堤桥相连。四周有覆舟山和山上的九华塔、紫金山、鸡鸣古寺和古城断垣等景，尤显湖光山色如画。

钟山，又名紫金山，位于江苏省南京市东北郊，以中山陵为中心，包括紫金山、玄武湖两大区域，总面积约 45 平方千米。山上有紫色页岩层，在阳光照映下，远看紫金生耀，故人们又称它为紫金山。山有三峰，主峰北高峰，海拔 468 米，是金陵最高峰。第二峰偏于东南，名小茅山，海拔 360 米，中山陵在其南麓。钟山是首批国家重点风景名胜区之一。

钟山为江南茅山余脉，横亘于南京中华门外，古名金陵山、圣游山，三国时东吴曾称它为蒋山。钟山东西长 7.4 千米，南北宽 3 千米，周长 20 多千米，蜿蜒起伏，矫若游龙，故古人称“钟阜龙蟠”。

钟山地处北温带和亚热带之交，为南北植物引种过渡地带，植物品种丰富，林木繁茂。玄武湖在钟山以西，南京城北，古名桑泊，又称后湖。湖光山色，景色佳丽。现建有玄武湖公园，占地面积 47 平方千米，其中水面约占 3.7 平方千米。绕湖一周长约 10 千米，湖中有岛，称为洲，共有环洲、樱洲、梁洲、翠洲、菱洲五洲。五洲之间有桥堤相通。

钟山风景区内以玄武湖最为著名。玄武湖，古名桑泊湖，南朝刘宋时，湖中出现黑龙（鳄鱼一类的动物），改名玄武湖。湖周长 15 千米，总面积 444 公顷，称“金陵第一大湖”。湖中有五岛，以堤桥相连。四周有覆舟山和山上的九华塔、紫金山、鸡鸣古寺和古城断垣等景，尤显湖光山色如画。

五洲中以梁洲风景最佳，上有览胜楼、陶然亭等优美建筑。梁洲三面环水，堤上丝丝垂柳飘拂湖面，远望如烟云舒展，有“环洲烟柳”之誉。洲上还有两块玲珑剔透的太湖石，相传是宋朝花石纲遗物。

樱洲上以遍植樱桃而闻名，洲上有喇嘛庙。菱洲古时盛产红菱、又因洲形似菱而得名，洲上有动物园。翠洲环境幽雅，洲上佳木繁茂，郁郁苍苍，远望绿树、蓝天、白云倒映湖中，构成上下两幅“翠洲云树”画面，亦是金陵风光旅游“宝地”。

梅花山坐落在南京紫金山南麓，在中山门外明孝陵神道的环抱之中，因山上多红梅而得名，有“梅花世界”之称。梅花山旧称孙陵岗，三国时期吴国的帝王孙权及其夫人便埋身于此。

南京人对梅花可谓情有独钟，现梅花已被列为南京的市花。梅花山早在南朝的时候就有种植梅花的记载，现今更是满山遍野皆是梅。这里依山栽植有梅花 1.5 万余株，品种有 220 多个，每当春季来临，花开遍野，红绿辉映，春意融融。梅花山上建有“观梅轩”，登轩观梅，梅山梅花尽收眼底，令人心旷神怡。梅花山以品种奇特著称，“朱砂梅”满枝绯红，“玉蝶梅”素静雅洁，“宫粉梅”着花繁茂，“龙游梅”舒展飘逸，还有“蹩脚晚秋”“七星梅”和“半重瓣跳枝”等梅花上品。

紫霞湖在明孝陵东北部，这是个深藏于山间林海中的湖泊，因与紫霞洞相连而得名。紫霞湖面积约5万平方米，湖水清澈，周围林木蓊郁，山清水碧，风景佳丽，有“林海中的明珠”“南京第一无污染湖”之誉，现为人们避暑纳凉的旅游佳地。

太　湖

岛屿纵横一镜中，湿银盘紫浸芙蓉。谁能胸贮三万顷，我欲身游七十峰。天远洪涛翻日月，春寒泽国隐鱼龙。中流仿佛闻鸡犬，何处堪追范蠡踪。

——明·文徵明《太湖》

太湖，位于江苏省南部，长江三角洲中部，面积为2425平方千米，景区总面积达2806平方千米，其中水面占80%，为国家重点风景名胜区。全区划分为13个景区，86个景点。在中国五大淡水湖中，太湖面积排行第三。但若论景色秀美，胜迹富集，物产丰饶，太湖却是五湖之冠。

太湖地跨苏、浙两省，古称震泽、具区、笠泽，号称三万六千顷，湖中有岛48个，北部和东部散布着著名的无锡惠山、马迹山，吴县市的灵岩山、天平山、洞庭东、西山等，湖水平均深度1.5米。

太湖是吴越文化的发源地，素有“包孕吴越”之誉，遗存大批文物古迹，如春秋时的阖闾城、越城遗址、隋代大运河、唐代宝带桥、宋代紫金庵、元代天池石屋、明代杨湾一条街以及大量名寺古刹、古典园林等。还有关于吴王夫差、越王勾践、孙子、范蠡、西施、项羽、范仲淹等历史人物传说和遗址。

鼋头渚为太湖第一佳景。主要景观有鼋渚春涛、充山隐秀，鹿顶迎晖、万浪卷雪、三山映碧、湖山真意等。鼋头渚园林，以天然风景为主，人工修饰为辅。园林布局依山傍水，别具一格，是观赏太湖风光比较理想的地方。

伸入湖中的鼋头部分前后都是荷池。沿湖堤遍植绿杨，中间架以曲桥，过桥有湖心亭，水中盛植荷花，名为“湖山春深”。鼋头顶端耸立着一座灯塔。从灯塔沿湖边道路东行，便可见鼋头渚石碑。在一块貌似鳌鱼头的茅山砂岩大石块上，正面刻着“鼋头渚”，反面镌凿着“鼋渚春涛”。迎面有一八角形的涵虚亭，只见湖边惊涛拍岸，奇石错列，陡壁如屏，看不尽粗犷豪放的天然美景。沿湖峭壁上，镌刻着“包孕吴越”和“横云”两组醒目的大字。

附近的半山上，有一座仿宋明的古式建筑，叫澄澜堂。沿着山路漫步上行，山南坡有劲松楼、陶朱阁、广福寺。寺附近林疏竹密，颇有“深山藏古寺”之雅。

鹿顶山高96米，高踞于临湖诸山之上，在山顶上建有模仿武汉黄鹤楼的舒天阁，有“小黄鹤楼”之誉，登顶远眺太湖，七十二峰尽收眼底。凡游鼋头渚，不论朝晴夕阴，皆宜登阁一望，看茫茫太湖三万六千顷奔来眼底，太湖风光一览无余，使人意畅情酣，胸怀顿开。从鼋头渚向西眺望，可以看到不远处有几个小岛，若沉若浮于太湖碧波之中，它就是无锡市郊的湖上公园——三山。

三山，古时又称乌龟山、笔架山等，它由东鸭、西鸭和大矶小矶等岛屿组成，总面积180亩，景色极美。三山以孤见奇，以小取胜。置身其间，似有缥缈海上之感。

云台山

云台山是国家级重点风景名胜区，国家4A级旅游区。其中有“东海第一胜境”和“海内四大灵山之一”之称的花果山。

云台山，位于江苏省连云港市，面积约180平方千米，包括花果山、孔望山、宿城、海滨四大景区，是国家重点风景名胜区。

云台山位于连云港市近郊，是一条逶迤30余千米的山岭。云台山是由前云台山、中云台山、后云台山、东西连岛等大小山岭和岛屿组成。前云台山的玉女峰，海拔625.3米，是江苏的最高峰。

云台山山岳地层经长期的海水侵蚀冲刷和频繁的地质变化，形成了千姿百态的海浪石、海蚀洞及壮丽的石海胜景。景区内大小山头134座，峻峰深涧，奇岩坦坡。风景区植被覆盖率达80%以上。唐代诗人李白有诗曰：“明月不归沉碧海，白云愁色满苍梧。”这里的“苍梧”指的就是云台山。

花果山在前云台山，是一处富有浪漫主义神话色彩的神山。在《西游记》中，它是齐天大圣孙悟空的出生地，现山上有众多与此相关的景点。《西游记》作者吴承恩是苏北淮安县人，距云台山不远，他把此山写进自己的小说，并命名为“花果山”。

花果山海拔400余米，处于前云台山群山环抱中，气候温和湿润，适于各种树木生长。山中盛产各色果品：樱桃、杏子、桃、梨、苹果、枣、柿子、栗子、银杏等，从初夏到深秋时时都有鲜果成熟。正如《西游记》中所描写的“四季好花常开，八节鲜果不断”，特别是这里有一种叫冬桃的桃树，农历九月才开始成熟。

花果山上奇峰怪石和岩洞众多，有传说是孙悟空捉妖的72洞，奇洞异石，不可名状，最著名的有女娲遗石、猴石、八戒石和水帘洞等。

“南天门”是花果山的大门，它是一座用山石雕砌而成的宏大牌楼，颇似《西游记》中描写的天宫中南天门的样子。过南天门，在远处山崖上有“花果山”三个大字。在通往花果山区要道口的猴嘴山头，有一块半身似猴的石头，名叫猴石，像是花果山的看门猴。山上还有一八戒石，俨然是头戴僧帽、大耳肥腮、双眼眯缝、正在鼾呼的猪八戒。

花果山腰团圆宫东侧有著名的水帘洞，洞内深奥，洞前泉水飞挂如帘，洞口石壁上刻有“水帘洞”三个字，这就是《西游记》中水帘洞的原型。吴承恩在《西游记》中写道：“顺涧爬山，直到源流之处，那是一股瀑布飞泉，但见那：一派白虹起，千寻雪浪飞。海风吹不断，江月照还依。冷气分青嶂，余流润翠微。潺湲名瀑布，真似挂垂帘。众猴称扬道：‘好水！好水！’碣上有一行楷书大字，镌着‘花果山福地，水帘洞洞天’。”如今，水帘洞内，仍然泉水潺潺，似串串的珍珠滴落在圆圆的水潭里。

水帘洞洞门石壁上的“灵泉”“水帘洞”“高山流水”“神泉普润”和临摹的清代道光皇帝手书“印心石屋”等著名题词，仍历历在目。门前长着一株株四季常青的奇花异木、名竹异草。

花果山顶，有一块7米高的大石，中开一缝，缝下紧接着是一块直径1米多的椭圆形石块，它恰巧完全悬空夹在下面两块石头之间，很像从大石里出来又夹在下面似的。石块上镌“娲遗石”三个字，传说此石是女娲补天时遗留下来的。吴承恩描绘孙悟空出世的段落，就是取材这块奇石的。《西游记》中对此是这样描写的：“那座山，正当顶上，有块仙石……内育仙胞，一日迸裂，产一石卵，似圆球样大。因见风化作一猴，五官俱备，四肢皆全。”

历史上花果山庙宇众多，香火鼎盛，三元宫是花果山重要建筑之一。它创建于唐，后经多次重修，建筑雄伟壮丽。建筑群包括三元宫、团圆宫、玉皇宫三殿，修筑在一条中轴线上，从下至上高差130米。三元宫左右还建有东西对称的飞楼，庭院内有两株植于唐代的古银杏树，虽历千载，仍果实累累。

宿城四面群山环抱，中间幽谷深邃，下有水库，山谷间激流飞瀑，奇松异石，有船山飞瀑、石门、石屋、卧龙松等景点，可谓是一处世外桃源。

武当山

生平观水石之变，无过于此者。

——明·袁中道

武当山，又名太和山、谢罗山、参上山、仙室山，古代有“太岳”“玄岳”“大岳”之称。位于湖北十堰市汉水南岸，北临汉江，背后是神秘莫测的神农架，临碧波万顷的丹江口水库。山地两侧多陷落盆地，如房县盆地、郧县盆地等。气候温暖湿润，年降水量900—1200毫米，多集中于夏季，为湖北省暴雨中心之一。武当山是联合国公布的世界文化遗产地，是中国国家重点风景名胜区、道教名山和武当拳发源地。

武当山山体四周低下，中央呈块状突起，多由古生代千枚岩、板岩和片岩构成，局部有花岗岩。岩层节理发育，并有沿旧断层线不断上升的迹象，形成许多悬崖峭壁的断层崖地貌。主峰天柱峰海拔1612米，勃然于群峰之中，素有七十二峰朝大顶的壮丽景观。

武当山神奇的自然景观和丰富的人文景观融为一体，其物华天宝又兼具人杰地灵的特质给世人留下极大的想象空间。作为中华民族大好河山的一块瑰宝，令世人神往。

武当山地形复杂，植被丰茂，形成丰富的自然景观，在七十二峰之间，分布着三十六岩、二十四涧、十一洞、三潭、十池、九井、十石、九台等胜景。山上的原生植被为北亚热带常绿阔叶林、落叶阔叶混合林，次生林为针阔混交林和针叶林，主要有松、杉、桦、栎等。药用植物有400多种，产曼陀罗花、金钗、王龙芝、猴结、九仙子、天麻、田七等名贵药材。

武当山两千多年来一直是道教活动胜地，它的鼎盛时代是在明代。当时明成祖朱棣为了巩固自己的政治统治而借助于武当山的玄武大帝，于永乐十年（1412年）命军工30万人，在武当山大兴土木，营建庞大的道教建筑体系。此工程历时10年，建成32组大建筑群，总计两万多间，因山就势，分布在山麓到金顶一条长达140里的“神道”两侧，构成威武庄严、神奇玄妙的道教名山，充分体现了道教崇尚自然、追求玄奇的神仙境界和天人合一的思想。这些殿宇在建设中十分强调自然，要求人工建设对“山体本身分毫不能修动”，创造了自然景观与人文景观高度融合的典型的中国道教山岳风景景观。

如此浩大的工程规模，在中国名山开发史上可以说是仅有的一次。此后武当山历经500多年的变迁，已有不少建筑毁坏。保存至今的主要宫观有天柱峰的金殿以及顺山势而建的太和、南岩、紫霄、五龙、遇真、五虚六宫，复真、元和二观以及磨针井、玄岳门等建筑；还有大量造型精美、艺术价值很高的明代铜神像、供器和经籍等文物。除此之外，武当山还以传统的道教武当武术扬名于中外。

洞庭湖

巴陵胜状，在洞庭一湖。衔远山，吞长江，浩浩汤汤，横无际涯。……春和景明，波澜不惊，上下天光，一碧万顷……

——宋·范仲淹《岳阳楼记》

洞庭湖，又名云梦、九江和重湖，位于湖北北部，长江南岸。洞庭湖由南及西纳湘、资、沅、澧四水，北纳长江松滋、太平、藕池三口汛期泄入的洪水，在东岳阳市陵矶汇入长江，属于构造陷落湖。洞庭湖为中国的第二大淡水湖，仅次于鄱阳湖，面积2740平方千米，湖面海拔33米，最深处达23.5米，贮水量155.44亿立方米。

洞庭湖烟波浩渺，水面跨湘、鄂两省，原为中国最大的淡水湖，现在屈居第二。按照《山海经》的记载，战国至西汉初年，洞庭湖“夏秋水涨，方九百里”。汉时长江主流已位于荆江附近，而洞庭湖则在长江以南。到晋代开始，由于筑堤束水垦殖，长江与湖才逐渐分离。三国以前，洞庭湖的整个湖面是连成一片的，方圆八百里。

洞庭湖中最著名的景区要数君山了。君山，原名洞庭山，是神仙洞府的意思。它是洞庭湖上的一个孤岛，岛上有72个大小山峰，风景秀丽。相传很久以前，舜帝南巡后不久死去。闻得噩耗的舜的两个妃子娥皇、女英追至湘水攀竹痛哭，眼泪滴在竹上，变成斑竹。后来两妃死于山上，后人建成有二妃墓。二人也叫湘妃、湘君，为了纪念湘君，人们就把洞庭山改为君山了。

在东洞庭湖与长江的接界处，有一块名为三江口的地方。从此处远眺洞庭，但见湘江滔滔北去，长江滚滚东逝，水鸟翱翔，百舸争流，水天一色，景色甚是雄伟壮观。刘海戏金蟾、东方朔盗饮仙酒、舜帝二妃万里寻夫的民间传说正是源于此地。

洞庭湖盛产淡水鱼，现有鱼类113种，渔获量在15 000—30 500吨。洞庭湖主要经济鱼类有青鱼、草鱼、鲢鱼、鳙鱼、鲤鱼、鲫鱼、赤眼鳟。此外湖区盛产的苎麻、君山茶和湘莲，也享誉中外。

洞庭湖流域即洞庭湖水系流经的广大地区，多年平均年降水量1427毫米，多年平均年径流量为2016亿立方米，约占长江流域地表水资源的21%，其比重为长江流域各水系之首。如果把长江比作一条龙，则长江三峡是巨龙的“肠”，而洞庭湖与鄱阳湖同时起到“胃”和“肾”的作用，即在调蓄长江洪水时“胃”起作用，在调节长江流域生态环境时“肾”起作用，如果“胃”和“肾”的功能遭到破坏，长江中游就会遭受洪水的灭顶之灾，江南生态环境也将严重恶化。

洞庭湖是中国重要的湿地，它在雨季涵养洪水，在旱季缓解旱情，还能净化水中污染物。湿地具有较大的经济效益，除了出产鱼虾、稻米、莲藕等湿地产品外，还能支持水上运输。

洞庭湖是重要的候鸟越冬栖息地，也是世界著名的珍稀鸟类保护地和观赏区，遮天蔽日的鸟群已成为一个诱人景观。

武陵源

武陵源被赞誉为“大自然的迷宫”，是“扩大了的盆景，缩小了的仙境”。1992年，武陵源被联合国教科文组织世界遗产委员会作为世界遗产列入《世界遗产名录》。

武陵源，位于湖南西北部的张家界市境内，武陵山脉之中，是中外驰名的旅游胜地，总面积方圆369平方千米。武陵源是国家重点风景名胜区，由张家界、索溪峪、天子山、杨家界四大各具特色而相互毗邻的自然风景区组成。

武陵源属峰林地貌，以未经人工雕琢的美丽山水为特色。武陵源在亿万年前曾是一片波涛翻滚的海洋，几经沧海桑田，大自然将这里逐渐抬升为陆地、山脉、江河，随后用鬼斧神工在这里“穿透切割”“精雕细凿”，从而形成了今天这般具有原始生态体系的砂岩、峰林、峡谷地貌。

这里平均海拔高度800米左右，最高点1334米，最低点300米，相对高差千余米，区内属亚热带山地，湿润季风气候，夏无酷暑，冬无严寒，气候湿润宜人，年平均气候15—16 ℃，无霜期240—300天，年降雨量1200—1600毫米，适合多种针阔叶林和珍稀动植物的生长繁衍，森林覆盖面积达95%以上。

武陵源峭壁绝岩，奇峰怪石，拔地而起。除造型奇特之外，这些岩石还有各种美丽的颜色，有的金碧辉煌，有的紫色带绛，有的红黄相间，有的灰色透亮。几乎所有岩峰均身披五彩，争奇斗艳。岩峰之顶无土无水，却生长着葱郁的苍松，青色的藤蔓倒垂崖下，在雄奇深邃之中造化出清泉、浅滩、瀑布、深涧、幽溪、湍流、溪瀑、深潭。云烟笼罩的武陵源，更是奇幻百出，景象万千。

武陵源有古老而繁茂的原始森林。据统计，这里仅木本植物就有93科517种，其中乔木树种191种，属国家保护的珍稀植物10余种，还有绝香榧、银杏、红豆杉、白豆杉、水杉、黄山松等古老树种。被子植物中的珍品，如珙桐、银鹊、鹅掌楸等，这里也有不下数十种。奇花异葩，铺满每一座山寨，有中国鸽子花、长蕊杜鹃、龙虾花、凹叶厚朴花（山荷花）等。武陵源是名副其实的国家森林公园、植物基因库。

武陵源森林中的珍禽异兽有背水鸡、嘎嘎鸡、华南竹鸡、红腹锦鸡、长尾雉等，林中益鸟有红脚领隼、白颈鸦、啄本鸟、画眉、黄鹂、相思鸟、白头翁、八哥等数十种。壁上攀缘的猕猴，树丛中飞鸣的猴面鹰和雉类，山崖之巅的獐、鹿，石缝中的穿山甲，金鞭溪中的大鲵，更增添了这片原始森林的勃勃生机。

武陵源不仅以绿色植物宝库著称于世，还有它那奇特的岩峰亦独具一格。它既不同于石灰岩溶蚀所形成的桂林喀斯特和路南石林，也有别于含钙红色块状砂岩形成的“丹霞”地貌。它是由厚达500米，坚硬、近于水平的泥盆系石英砂岩沿几组不同方向的节理，经流水侵蚀作用而形成的砂岩峰林地貌。三四百米高、直刺蓝天的群峰笔立，棱角锋利，气势磅礴。峰重峦叠，遥列成行的数千座峰柱，延展数十里，构成无数景点。

武陵源是大自然中的一座“迷人的宫殿”，令人神往。峰顶峭壁带有原始的自然风貌，奇岩异石攀高比低，它兼有泰山之雄，黄山之奇，华山之险，庐山之秀，桂林之美，集大自然风光之精华为一体，实为不可多得的人间仙境。无论是一般游客，还是科学工作者，都可以从中找到各自的乐趣和探寻的对象。

然而，长期以来，武陵源似一颗失落的风景明珠未被人们认识和发现。直到20世纪80年代初，这位“养在深闺中的绝色美人”，才被人们无意间发现，震惊之余的人们无不陶醉在它的“美色”中。武陵源从此被赞誉为“大自然的迷宫”，以及“扩大了的盆景，缩小了的仙境”。1992年，武陵源被联合国教科文组织世界遗产委员会作为世界遗产列入《世界遗产名录》。

衡　山

岩峦叠万重，诡怪浩难测。

——唐·贾岛

衡山，又名南岳、寿岳、南山，为中国五岳名山之一。衡山有七十二群峰，层峦叠嶂，气势磅礴，主峰坐落在湖南省第二大城市——衡阳市。衡山素以五岳独秀、宗教圣地、中华寿岳著称于世，现为国家级重点风景名胜区、国家级自然保护区、全国文明风景旅游区示范点和国家5A级旅游景区。

衡山名胜众多，古刹遍布，风光秀丽，吸引了古今旅游者的极

大兴趣。南岳有三大奇观，首推烟云。南岳烟云有三大特点：一是浓，有时浓得一米外互不相见；二是轻，轻得像一件件羽纱挂在天际；三是流，时而似海啸奔腾，时而如细浪慢涌。因此南岳风光素有“七分山水三分云”的说法。第二大奇观为南岳的龙池“蛙会”。第三大奇观是南岳特有的冰雪奇景，是中国南方少有的多冰雪山地，每年有不少旅游者前来观赏冰雪。

衡山的方广寺为避暑胜地，盛夏临此，寒气袭人。方广寺始建于南朝梁天监二年（公元503年），周围多茂密的风景林，如红豆杉、银雀、桫椤树、银杏等都是珍贵而稀有的树木。方广寺以它特有的深邃、幽静，赢得了“不至方广，不足以知其深”的评语。

南岳大庙位于南岳镇北端，庄严宏伟，华丽壮观。整座大庙共分9进，另有角楼4座，大庙正殿又称圣帝大殿。殿中原来设有岳神座位，殿前有一块大坪，正殿耸立在十七级的石阶上，石阶的正中嵌有汉白玉浮雕游龙，形象生动，雕工精美。

大殿内外共有七十二根石柱，象征南岳七十二峰，为国内寺庙所罕见。整个殿顶覆盖着橙黄色的琉璃瓦，飞檐四角悬有铜镜，檐下窗棂及 24 扇门均雕刻人物故事、花木鸟兽，后墙上绘有大幅云龙丹凤，色彩斑斓，绚丽非凡。殿外为双层台基，环以白石栏杆，南岳大庙是中国现存五岳庙中总体布局最完整的一座。

南岳大庙庙后接龙桥横跨涧水，桥旁古松树干高耸、虬枝旁垂，俨如拱手迎宾，亲切可掬。玉版溪中络丝潭水银丝万条，不绝如缕。每逢大雨过后，山水急泻，景色极为壮观。跨过玉版桥，经送子殿、忠烈祠就到了登山全程之半的半山亭。此亭始建于六朝，已有千余年的历史，附近古松苍劲，山林恬静，是中途小憩的一处胜地。

过半山亭，路分两支，左往磨镜台，右上南天门。磨镜台今为衡山避暑胜地，海拔 600 米，地势高旷、风光绮丽，附近有七祖塔、福严寺、拜经台、金鸡林、南台寺、三生塔、观音寺等众多名胜古刹。

从右侧上南天门须经过邺侯书院，再过铁佛寺、湘南寺和丹霞寺。南天门高大的石牌坊上赫然刻有“门可通天，仰视碧落星辰近；路承绝顶，俯瞰翠微峦屿低”的柱联，恰如其分地表达了南天门的地势、景物特色与“极目楚天舒”的登高意境。

此处还有“衡岳千仞起，祝融一峰高”的祝融峰。祝融峰海拔 1290 米，由于它位于湘江平原与周围低丘之间，加以烟云烘托，群峰叠衬，故而显得横空出世，构成了高插云霄的崇高形象。大诗人李白更为浮想联翩：“衡山苍苍入紫冥，下看南极老人星。回飙吹散五峰雪，往往飞花落洞庭。”祝融峰顶有石墙铁瓦、高插云中的祝融殿。殿右巨石上刻“唯我独高”四个大字。峰西望月台，峰东则有望日台。

张家界

张家界景区是一个全年都不封山的5A级风景名胜区。这里的年平均气温为16℃到28℃。空气湿润无污染，含氧量极高，是个天然大氧吧。

张家界，又名青岩山。在湖南张家界、桑植、慈利三市县交界处，距张家界市区34千米，海拔800余米，最高处为1300米。全境奇峰连绵，形态各异。悬崖石峰上，生长着许多葱茏的黄山松，远望恰似精雕细刻的盆景，给人以神秘莫测之感。

景区内奇花异草、珍禽异兽十分繁多，著名的景点有黄狮寨、金鞭溪、金鞭岩、腰子寨、沙刀沟、琵琶溪等。

黄石寨又名黄狮寨，是由悬崖峭壁托起的一块台地，海拔1200多米，是张家界景区最大的凌空观景台，顶部面积近20公顷。登黄狮寨，可以俯瞰群山。

金鞭溪蜿蜒曲折，随山而移，纡曲穿行在峰峦幽谷之间，连通延伸于鸟语花香之中。金鞭溪两岸，不仅有千姿百态的奇峰怪石，嵯峨簇列，而且林木葳蕤，如一幽迹绿宫，到处翠微撩人。两岸世所罕见的中国鸽子花、龙虾花、山荷花等，争奇斗艳，漫谷溢满山鸟的鸣啭，溪水清澈透亮又色彩斑斓，如同一幅山水长画轴。

金鞭岩是张家界最著名的石峰之一，三面垂直如刀削，相对高度350多米。金鞭岩形状呈菱形，每当夕阳西下时，金光熠熠，璀璨夺目，蔚为壮观。相传秦始皇在此赶山填海，龙王惊慌失措，派龙女与秦始皇成亲，龙女趁机用假鞭换走了秦始皇的赶山鞭。翌日，秦始皇用鞭赶山不动，怒扔鞭子，成了金鞭岩。

在金鞭岩对面，矗立着嶙峋的巨石，由东向西倾斜，斜度在10度左右，名叫“醉罗汉”。此外还有闺门倒映、神鹰护鞭、双石玉

笋、劈山救母、紫草潭、跳鱼潭、迎宾峰、独峰孤猴、白沙泉、二楠抱石、石碑蜂、千里相会、骆驼峰、张良墓、水绕四门、古战场等景点。

腰子寨四周皆悬崖绝壁，多数观景台如凌空附云，若抛掷一石块，简直如树叶飘飞，险绝令人不敢久留。站在峰台四顾，可见千峰耸立，那交织着蓝、黛、苍与紫红色的面面岩壁，布绕着纵横交错的节理条纹，可谓巧夺天工。主要景点有天桥、老鹰嘴、万水千山、梭镖岩、兔儿望月、天然壁画、镇妖七塔、马公亭等。

沙刀沟在金鞭溪中游两侧，两岸岩壁陡绝如劈，满涧古木参天，苍藤蒙络，荫翳蔽日，即便高空骄阳似火，这里也或如黄昏，或如月夜。沙刀沟北侧袁家界是一个由石灰岩为主构成的高大而又较平缓的山岳。四周多井泉、耕地。景点内有八仙山、童子拜观音、金骡洞、五女拜师、石塔斜影、天门初开、龙宫舞女、石蛙探幽、天下第一桥、天悬白练、双龟登天、醉景台、后花园等。

琵琶溪位于金鞭溪上游西岸，两岸岩峰嶙峋，林木丰茂如盖，溪流几曲八弯，且多跌宕，沿途溪水叮咚不息，如拨琵琶，故名。景点有：夫妻岩、清风亭、钟馗岩、三姊妹峰、金鸡报晓、望郎峰、刺破青天、九重仙阁、雄狮回首、金凤展翅、龙凤庵、龙凤泉、朝天观等。

张家界是中国第一个国家森林公园，它犹如藏在深山里的美女，身处闺秀人未识；它又如一颗灿烂的明珠，闪光滴翠匿深山；它是一块璞玉，虽未经雕琢，却自成天然。

车八岭

这里保存着世界同纬度极为少见的分布集中、原生性强、大面积的中亚热带原始常绿阔叶林，被称为上苍留泊在南中国的一艘“诺亚方舟”。

车八岭，属于广东也属于江西，北是广东的始兴县，南就是江西的全南县。车八岭面积7545公顷，主峰海拔1256米，是广东省面积最大的自然保护区之一，被誉为“物种宝库，岭南明珠”。

车八岭属于南岭的南支脉，保存着世界同纬度极为少见的分布集中、原生性强、大面积的中亚热带原始常绿阔叶林，被称为上苍留泊在南中国的一艘“诺亚方舟”。其独特的原生生态结构，成为亚热带动物栖息的天堂，是当代返回大自然的大好去处。

车八岭保护区内自然环境以幽见长，其地貌以中低山为主，地处亚热带湿润气候区，终年云雾缭绕，降水丰沛。幽谷深壑中清泉长流，苍山滴翠，古木参天，藤蔓交织，林中鸟语花香，林下苔藓菌蕨遍布，充满原始的山野情调。

保护区的主要保护对象为具有世界代表意义的中亚热带常绿阔叶林生态系统和野生动物，均系自然发生、自然平衡、自然发展的原生系统，保护区内有植物1928种，其中14种为珍稀濒危重点保护植物。例如以“史前遗老”著称的观光木，以“活化石”闻名的三尖杉等。有些珍稀植物还以群落的形式出现，使中外科学家惊叹不已。

车八岭著名的“广东杉树王”、巨型板状根、奇特的连理树及众多的攀缘古藤，均让游客咂舌称绝。由于生态环境保护良好，人为干扰少，保护区内栖息着华南虎、乌獐、云豹、灵猫、苏门羚、穿山甲、水鹿等1505种野生动物，其中国家重点保护的珍稀濒危动物就达38种，是一处绝对天然的野生动物园。

由于长期的保护，林中的动物已逐渐与人类成为朋友，游人行于山道，见诸多动物旁若无人地在林中漫步、嬉戏。其中核心区的华南虎虽为猛兽，但从未有伤人记录，却也极大地刺激了游人猎奇、探险的心理。

保护区的深山坡地与河谷平台上，分布着若干个土著的瑶胞村寨，其古朴的山村和淳厚的瑶族风情，也成为游客向往的旅游观光点。保护区内目前已开辟的旅游景点有幽林夜月、涧畔听涛、古木沧桑、森林舞池、林海探奇、瑶家土寨、天平探虎、标本园等几十处。

人们在原林场场部兴建了服务设施，并配套了原始风光探险游、返回自然游等必需的仪器、用具等。车八岭已成为一处集观光旅游、森林度假旅游和考察探险专项旅游于一体的风景旅游区，每年接待大量来自海内外的旅游者和专家学者。

鄱阳湖

鄱阳湖是世界上最大的白鹤和天鹅越冬地，其中白鹤占全球总数的98%以上，是举世瞩目的白鹤王国，每年有几十万只天鹅在此过冬，场面非常壮观，被誉为“中国的第二长城”。

鄱阳湖古称“彭蠡”“彭湖”，在江西省北部，为河成湖，是赣江、修水、鄱江、信江、抚河的总汇。湖水北经湖口注入长江，面积有2933平方千米，雨水充沛时可达3283.4平方千米，湖面海拔高度为21.69米，最深处达到29.19米，储水量为149.6亿立方米，为中国最大的淡水湖。鄱阳湖有蓄洪、滞洪的作用，并有灌溉农田、便利航运的优点。湖中盛产银鱼、鳜鱼等水产，是中国淡水渔业主要基地之一。

1983年鄱阳湖自然保护区建立，面积22 400公顷，该区以珍稀候鸟及湿地为主要保护对象，多为白鹤、灰鹤等鹤类和天鹅等珍贵鸟类，是全世界最大的白鹤越冬地，素有珍禽王国的称号。1992年，鄱阳湖保护区被联合国列入《世界重要湿地名录》。

鄱阳湖每年流入长江的水量超过黄河、淮河、海河三河水量的总和，是一个季节性、吞吐型的湖泊。鄱阳湖水系流域面积16.22万平方千米，约占江西省流域面积的97%，占长江流域面积的9%。其水系年均径流量为1525亿立方米，约占长江流域年均径流量的16.3%。

鄱阳湖是中国重要的湿地，属于长江干流调蓄性湖泊，在中国长江流域中发挥着巨大的调蓄洪水和保护生物多样性等特殊生态功能，是中国十大生态功能保护区之一，也是世界自然基金会划定的全球重要生态区之一，对维系区域和国家生态安全具有重要作用。

由于受暖湿东南季风的影响，鄱阳湖年降雨量平均1636毫米，从而形成“泽国芳草碧，梅黄烟雨中”的湿润季风型气候，是著名的鱼米之乡。这里的环境和气候条件均适合候鸟越冬。因此，每到秋末冬初（10月），成千上万只候鸟从俄罗斯西伯利亚、蒙古、日本、朝鲜以及我国东北、西北等地飞来过冬，直到翌年春季逐渐离去。

如今，保护区内鸟类已达300多种，近百万只，其中珍禽50多种，是世界上最大的鸟类保护区。2002年，在此越冬的白鹤群种群总数达4000只以上，占全世界白鹤总数的95%还要多。

近些年鄱阳湖区生态环境遭到严重破坏，渔业资源大幅减产，并面临日益严峻的水污染威胁和湿地退化现象。作为中国最大的淡水湖，鄱阳湖水位的下降和污染，不简单是渔业的收益问题，还是中国乃至全球的环境问题，这需要我们每一个受益于鄱阳湖的公民来维护和治理鄱阳湖的生态环境，还鸟类一个天堂，同时也是为了实现国家可持续发展道路。

庐　山

横看成岭侧成峰，远近高低各不同。不识庐山真面目，只缘身在此山中。

——宋·苏轼《题西林壁》

庐山，位于江西省北部，九江县以南，星子县以西，为世界级名山，方圆250平方千米，有90余座山峰，山势崔嵬，危崖罗列，所以古人有“庐山诸峰面面奇”之说。最高峰汉阳峰海拔1474米。

大自然的神奇伟力，造就了神奇的庐山。几千万年前的地壳运动，造就了庐山叠嶂九层、崇岭万仞的气势，伴生出诡峰不穷、怪石不绝的阴柔之美。

庐山始见于史书是在西汉时期，太史公（司马迁）曰：“余南登庐山，观禹疏九江。”自司马迁第一个“南登庐山”以来，庐山以其优美的自然景观和优越的地理位置，吸引着东西南北、古往今来的游人。无论是文人墨客，还是僧人羽士、文臣武将，多有在此驻足建舍，刻石留文，庐山也因此成了一座文化名山。

“飞流直下三千尺，疑是银河落九天”，这是唐代诗人李白对庐山瀑布的描写。水是山之灵，庐山瀑布数量之多，气势之宏伟世间罕见，其中庐山三叠泉可谓“庐山第一奇观”。

三叠泉从海拔1453.2米的庐山第二高峰大月山流出，落差达到155米。谷风吹来，流水如冰绢飘洒在空中，好似万斛明珠，晶莹夺目。

由观瀑亭绕道下行，可临观音崖、观音洞，洞下即绿水潭，潭畔岩石上刻有隶书“竹影疑踪”四个字。元代书画家赵孟頫的《水帘泉》诗对三叠泉做了细致的描写：“飞天如玉帘，直下数千尺。新月如帘钩，遥遥挂碧空。”

庐山是一座天然植物园，享有“绿色宝库”之称。这里的植物种类丰富，起源古老，地理成分复杂，热带种类较多，南北植物区系成分交汇过渡。庐山区域内植物品种多达 3400 种以上，植物科的地理分布类型共有 7 个，其中尤以“中国特有类型”引人瞩目，它们大多属于第三纪以来的古老孑遗植物，主要有鹅掌楸、香果树、大血藤、青钱柳、血水草、长年兰、杜仲、喜树等。

庐山最高峰汉阳峰，是由花岗岩构成的山体，高耸峻峭，形如华盖。据说，在月明风清之夜，登上峰顶，可以看到汉阳灯火，故名“汉阳峰”。峰顶处悬崖形同靠椅，相传大禹治水时，就坐在这崖上俯视长江，考虑如何疏导九江，故称“禹王崖”。登上峰顶，只见黑松遍布，矮小盘结，形状奇异。

大汉阳峰下有康王谷，为庐山最大的峡谷，长约 1000 余米。相传秦始皇灭六国时，秦国大将王翦追楚康王至此，为暴风雨所阻，康王脱险并隐居于此，故名“康王谷”。

东晋时期，庐山成为中国南方佛教中心。庙宇巍峨，宝塔峻峭，漫山充溢着宗教色彩。时至今日，东林寺、西林寺、千佛塔、诺娜塔、赐经亭等宗教建筑艺术杰作，仍闪耀着迷人的光彩。

东林寺位于庐山西北麓，因在西林寺（现仅存遗址）之东而得名，是中国佛教净土宗发源地。东晋太元十一年（公元 386 年），名僧慧远在此建寺讲学，并创设莲社（亦称白莲社），倡导弥陀净土法门，后被推为净土宗始祖。东林寺在唐时极盛，有殿堂建筑 310 余间，门徒数以千计，藏经及论著数万卷。明清以来，东林寺屡遭兵祸毁坏，现存殿宇基本为清末遗物。

庐山的牯岭地区别墅林立，到20世纪30年代为止，这里有不同国家建造的别墅1000多栋。这些别墅大部分是西方建筑风格，但别墅中园林的布置都采用了中国传统的手法。西式别墅与中国的传统文化和谐地融合在一起，构成了庐山独特的人文景观。

富春江风景区

> 风烟俱净，天山共色。从流飘荡，任意东西。自富阳至桐庐一百许里，奇山异水，天下独绝。
>
> ——南朝梁·吴均《与朱元思书》

富春江，位于浙江省钱塘江上游，上起淳安，下至富阳通称“两江一湖”。钱塘江上段称新安江，新安江以下为富春江，是国家重点风景名胜区。

富春江沿岸山色青翠秀丽，江水清澈见底，山光水色秀绝人寰，奇异景观似带衔珠，更有众多具有浓厚地方特色的村落和集镇点染。新中国成立以后兴建的新安江水库又为此地增加了一个新的风景点——千岛湖。

富春江沿江有鹳山、桐君山、瑶琳洞、赋溪、姥山、龙山等景区，还有严子陵钓台、方腊洞、灵栖洞等名胜。其山峦之青，江河之秀，湖岛之美，崖壁之险，溶洞之奇，石林之怪，寺庙之异，乡宅之古，莫不令人叹为观止。古有双塔凌云、七里扬帆等严陵八景。

鹳山又名观山，在富阳市区的富春江畔，高42米，临江突起，挺拔秀丽。春江第一楼建于山上，可一览春江秀色。为纪念郁达夫兄弟，山上建有由双郁亭、血衣冢和松筠别墅组成的双烈园。此外还有览胜亭、待月桥、澄江亭等。

桐君山位于桐庐县城，在分水江与富春江汇合处，二水交流，一峰突起，山约60米，虽不高，却显得挺拔峻峭，有“峨眉一角”之称。桐君山上竹木茂密，万绿丛中有殿宇、楼台、白塔等多处建筑，向为富春江畔著名景点。

七里泷亦名七里滩，是富春江从梅城双塔以下至严子陵钓台间23千米水路。旧时峡谷中水如箭发，逆水行舟，皆赖风力，有“有风七里，无风七十里”之说，七里泷因而得名。这一带是富春江风景最美的地方，两岸奇峰夹峙，江中碧水奔流，中流击棹，帆飞若驰，是严陵八景中的“七里扬帆”，古代不少文人常来此吟诗作画。元代画家黄公望《富春江居图》一直保留到今天，为稀世珍品。

富春江小三峡由一关三峡组成。一关是指乌石关，三峡为乌石峡、子胥峡、葫芦峡。

乌石关是乌龙山在富春江畔形成的关隘，古代为兵家重地，《水浒传》中宋江与方腊水帅大战的乌龙岭即此关，乌石峡在乌石关以下，两山夹峙，江流弯曲，有灵石寺、陵山顶等景点。

子胥峡因春秋时伍子胥曾在此渡江而得名。这里群山环抱，江面开阔，满目青翠，有子胥渡、子胥村、龙门坎、狮子峰等景点。

葫芦峡因有葫芦瀑而得名，有子陵钓台等著名景点。葫芦瀑在七里泷东岸，瀑高近百米，宽一米半，水从悬崖上泻下，先注入崖间葫芦状石窟，再从底部冲出，十分奇特，瀑水注入深潭，潭下又有大小不等的小瀑20余处，首尾相接，气势磅礴。

子陵钓台在七里泷下游，相传是东汉严子陵隐居垂钓的地方。严子陵少年时与东汉开国皇帝刘秀是同学，刘称帝后，请严出仕，严子陵不从，隐居于此垂钓。

瑶琳洞位于桐庐县城西北23千米处，以“雄、深、奇、丽”的特色闻名于世。瑶琳洞的第一洞厅以“仙女集会”为全洞厅画面，景点有“琼楼玉宇”“广寒舞台”“玉屏阁”“珍宝宫”“灵芝仙山”“仙乐厅”“紫竹林”。第一洞厅地形崎岖，峡谷幽深，卧石林立，仿佛进入苍苍雪山，高山险壑。

瑶琳洞亦称“聚狮厅”，因其有46只石狮。第一洞厅规模宏大、壮观，是瑶琳洞中最大的洞厅，厅内石笋漫天遍野，层层叠叠，“瑶琳玉花”“瑶琳玉峰”，构成“三十三重天”“五十三参”的万佛图案和天庭宫阙。第四洞厅是“水道厅”，地下河在厅内沿着主洞道缓缓流动。第五洞厅亦为地下河段，地下河时伏时露。第六洞厅以管道式洞道为主。

雪窦山

拔地万重青嶂立，悬空千丈素流分。共看玉女机丝挂，映日还成五色文。

——宋·王安石《观瀑》

雪窦山，位于浙江省东北部，地处奉化市城区西北28千米处，素有“四明第一山”之誉。景区内高峰海拔千米，群峦耸峙，林泉密布，幽岩飞瀑，涧壑苍润，乃四明山风景渊薮所在。

雪窦古刹遗址，前临千丈岩，有两溪在寺前汇流，并倾泻而下，形成捣玉飞雪般的瀑布，雪窦山一名即源于此。雪窦山风景名胜区由雪窦山、溪口镇、亭下湖三个分景区构成，总面积约85平方千米。

雪窦山最高峰奶部山海拔917米，有千丈岩、三隐潭瀑布、妙高台徐凫岩峭壁、相量岗林海等景观，历代名人学士在此留下大量诗词题赋。

雪窦山景区以雪窦古刹和千丈瀑布为中心，入山有御书亭，内有宋朝皇帝书“应梦名山”石碑。过亭而上有建于唐代的雪窦寺遗址，寺址前临深谷，崇岩壁立，名千丈岩。岩顶有水泻下，喷薄如雪崩。

王安石观瀑诗云："拔地万重青嶂立，悬空千丈素流分。共看玉女机丝挂，映日还成五色文。"面瀑旧有飞雪亭，今已圮。

从亭西北上山有"日月挂天柱"的妙高台，台下临深谷，上多古松。登台四望，群山偃伏，山下田畴庐舍历历在目。从台北上山有三隐潭，位于隐潭山、妙高峰、搭柱山之间的峡谷中，因山势而成"一流三潭"的著名景观。从峡底仰望，天仅一线，有瀑布从峡顶泻入潭中，声如雷鸣。景区内还有被誉为"第二庐山"的相景岗、"壁立千仞"的徐凫岩等景点。

溪口是座千年古镇，位于奉化城区西北15千米处，扼名胜区门户，四周群山环抱，剡溪缓缓流淌，景色秀丽。镇内宽阔的三里长街依一脉剡溪横贯东西。自唐宋以来，这里便为游览胜地，历代骚人墨客到此寻幽探胜，留下了不少历史遗迹。这里现已形成十景：奎阁凌霄、武潴浪暖、平沙芳草、碧潭观鱼、松林晓莺、溪船夜棹、锦溪秋月、雪峰晚照、屏山雪霁、南园早梅。

亭下湖景区位于雪窦山南，距溪口镇6千米，是一座大型人工湖泊。巍巍耸立的大坝横亘于八曲高岙与亭下村之间。湖水面积5.9平方千米，与著名的杭州西湖水面相当；储水量达1.53亿立方米，相当于7个杭州西湖。

亭下湖湖岸曲折，全长20余千米，柳暗花明，婀娜有韵。亭下湖景观区风景以山形秀丽、湖水澄碧取胜。这里湖面四周为群山环抱，山岚明媚、空气清新，水质特优、峡谷幽深，山光水色融为一体。主要景点有平坝芳园、弋犁涛涛、曲湖垂钓等。游人可荡漾湖舟，亦可环湖漫步，细细欣赏芳岛春荫，悠悠吟咏九曲卧波。景区周围寺庙恢宏、道观清净，晨钟暮鼓隐约可闻，犹似尘外仙境，可谓旅游、度假、疗养、避暑胜地。

楠溪江

叠叠云岗烟树榭，湾湾流水夕阳中。

——晋·谢灵运

楠溪江，位于浙江省永嘉县，发源于浙江省括苍山，因古时江畔盛产楠木而得名，全长150千米，为国家重点风景名胜区。楠溪江风景区包括有大若岩、石桅岩等7个各具特色的景区。楠溪江风景区以瓯江下游最大的支流楠溪江为主体，由楠溪江水系和奇特的火山岩地貌构成，得天独厚的自然景观与历史悠久、内涵丰富的人文景观相融合的山水田园风光，具有水秀、岩奇、瀑多、村古的特点。

楠溪江两岸山色青翠，处处奇峰怪石，流泉飞瀑，既可登山览胜，又可泛舟观光，山迎水接，美不胜收。古代山水大师谢灵运任永嘉太守时赞咏楠溪江："叠叠云岗烟树榭，湾湾流水夕阳中。"

楠溪江江道弯曲多变，河床阶梯起伏，自古就有"三十六湾七十二滩"之说，碧水深潭与浅滩相同，形成了独有的风貌。江面宽且浅，可筏游里程达100多千米。水急处激浪奔涌，水缓处平静如镜，水底卵石色彩斑斓。环顾四野景色，如烟如梦。

幽幽绿水回绕在群山之中，两岸山峦绵延不绝，远山含墨，近坡浮翠，万木竞秀。一曲一弯，常常以为是到了尽头，转了一个弯又是水路大开，真是"山重水复疑无路，柳暗花明又一村"。

江岸山石嶙峋，有的探头侧身，有的顶天立地、古树参差其间。这些山石有着十分形象的名称，如"芙蓉三冠""将军马蹄崖""狮子岩""石柱峰""凤凰山""仙人足迹""太平岩"等等，形态逼真。

游楠溪江最惬意的事是乘坐竹排看楠溪江两岸的滩林。夹岸2000公顷滩林如同天然森林，蓊郁幽深。这里有毛竹、杨柳、马尾松、乌柏林、枫树……它们犹如一道天然的绿色屏障，掩盖了村落田园上的一些荒杂景观。

秋季，楠溪江两岸沙滩层林尽染，芦苇摇曳，野花缤纷。风景区内常年不涸的瀑布有50多个。著名的有北坑三折瀑、百星连环瀑、石门九折瀑、藤溪十瀑串十潭、虎穴百丈瀑等。

石桅岩三面环水，一面倚山，孤峰挺拔，直刺蓝天，高达300多米，宛如巨舸大桅，蔚为壮观，有“浙南天柱”之称。此地森林茂密，崖壁陡峭，且时有猴群出没，实为得天独厚的寻幽探胜之处。大若岩包括天柱、卓笔、犀角、石碑、宝冠、展旗、莲花、石笋、横琴、仙掌、香炉、童子共12峰。

奇峰拔地而起，高入云层，错落有致地环列在一座半圆形的山上，十分壮观。山峰形态各异，有的像童子，有的像横琴，有的似石笋，有的赛莲花，或似犀牛望月，或似柱石擎天，或似大旗初展，

或似仙掌刺天，峰峰相挤，参差错落，集雄伟灵秀于一体。

陶公洞是道教第十二福地。洞高 60 米，宽 70 米，深 80 米。相传南朝齐梁时期“山中宰相”陶弘景曾隐居于此洞，后人为了纪念他，取名陶公洞。洞内终年香烟缭绕，洞府景色变幻离奇。

百丈瀑又名虎穴百丈瀑。瀑高 124 米，仅次于大龙湫瀑布，号称“浙江第二瀑”。百丈瀑崖面内凹，三面陡立，形势雄壮且幽秀。瀑布自高崖飘然落下，洋洋洒洒，舞姿优美。瀑下水潭，深不见底，瀑布跌处，白流翻滚。瀑声似吼，如雷贯耳。四季雨水多寡不一，瀑布之水，亦时大时小，其形态亦呈各样，或者万马奔腾，银河倒泻，江海翻落，气势恢宏，或者素练悬挂，秀媚飘扬，犹似含羞少女，清丽无比。

石门瀑在 2 千米长的溪流中，数次跌水，形成九条形态各异、大小不同的瀑布，因处狭窄山高水急石多之地，林木葱郁，杂草丛生，奇峰点缀，异石危立，更添无穷野趣。

西　湖

波光潋滟晴方好，山色空蒙雨亦奇。欲把西湖比西子，淡妆浓抹总相宜。

——宋・苏轼《饮湖上初晴后雨》

西湖，位于浙江省杭州市西南，被世人赋予“人间天堂”的美誉。作为国家 5A 级重点风景名胜区和中国十大风景名胜之一，西湖凭借着千年的历史积淀所孕育出的特有江南风韵和大量杰出的文化景观而入选世界文化遗产，同时也是现今《世界遗产名录》中中国唯一一处湖泊类文化遗产。

西湖原本是一个泻湖。根据史书记载，远在秦朝时，西湖还是一个和钱塘江相连的海湾。耸峙在西湖南北的吴山和宝石山，是当时环抱着这个小海湾的两个岬角。后来由于潮汐的冲击，泥沙在两个岬角淤积起来，逐渐变成沙洲。此后日积月累，沙洲不断向东、南、北三个方向扩展，吴山和宝石山的沙洲最终连在一起，形成了一片冲积平原，把海湾和钱塘江分隔开来，原来的海湾变成了一个内湖，西湖就由此诞生了。

作为国家的重点风景名胜区，西湖风景区历史悠久，人文荟萃，既有秀丽的自然风光，也有众多文化意蕴丰富的名胜古迹。西湖的主要景点有定名于南宋的西湖十景：断桥残雪、平湖秋月、三潭印月、双峰插云、曲院风荷、苏堤春晓、花港观鱼、南屏晚钟、雷峰夕照、柳浪闻莺，这些景致令人不由得联想到白蛇的优美传说，以及拿着酒葫芦醉笑的济公和尚。

平湖秋月景区位于白堤西端，孤山南麓，濒临外西湖。西湖秋月之夜，自古便被公认为是良辰美景，充满了诗情画意。在明万历年间的西湖十景木刻版画中，《平湖秋月》一版，就刻画了游客在湖船中举头望月的情景。平湖秋月，高阁凌波，倚窗俯水，平台宽广，视野开阔，秋夜在此高眺远望，但见皓月当空，湖天一碧，令人沉醉。

苏堤南起南屏山麓，北到栖霞岭下，全长近3000米，是北宋大诗人苏东坡任杭州知州时，疏浚西湖，利用挖出的湖泥构筑而成的。后人为了纪念苏东坡治理西湖的功绩，将其命名为苏堤。长堤卧波，连接了南山北山，给西湖增添了一道妩媚的风景线。南宋时，“苏堤春晓”已成为西湖十景之首，元代又称之为“六桥烟柳”，列入钱塘十景，足见其景观美不胜收。苏堤长堤延伸，六桥起伏，走在堤桥上，湖山胜景如画卷般展开，万种风情，任人领略。

“南屏晚钟”也许是西湖十景中问世最早的景观。北宋末年，名画家张择端曾经画过《南屏晚钟图》。“南屏晚钟”的情韵由此悠然成型。南屏山一带山岭由石灰岩构成，山体多孔穴，加以山峰岩壁立若屏障，每当佛寺晚钟敲响，钟声传到山上，岩石、洞穴等为其所迫，加速了声波的振动，振幅急剧增大后形成共振，岩石、洞穴便随之产生音箱效应，增强了共鸣。同时，钟声还以相同的频率飞向西湖上空，直达西湖彼岸，遇到对岸由火成岩构成的葛岭，回音迭起。

1985年，杭州市民和专家经反复斟酌，确定了新的西湖十景，它们是：云栖竹径、满陇桂雨、虎跑梦泉、龙井问茶、九溪烟树、吴山天风、阮墩环碧、黄龙吐翠、玉皇飞云、宝石流霞。

其他景点还有保俶挺秀、长桥日月、古塔多情、湖滨绿廊、花圃烂漫、金沙风情、九里松、梅坞茶景、西山荟萃、太子野趣、植物王国、中山遗址、灵隐佛国、岳王墓庙。

西湖不但独擅山水秀丽之美，林壑幽深之胜，而且还有丰富的文物古迹、优美动人的神话传说。西湖把自然、人文、历史、艺术巧妙地融合在了一起。西湖古迹遍布，拥有国家重点文物保护单位5处、省级文物保护单位35处、市级文物保护单位25处，还有39处文物保护点和各类专题博物馆点缀其中，为之增色。

西湖一年四季都有美景。阳春三月，莺飞草长，苏白两堤，桃柳夹岸，在湖边漫步，让人心醉神驰。而西湖夏日里接天莲碧的荷花，秋夜中浸透月光的三潭，冬雪后疏影横斜的红梅，都别有风味。

雁荡山

欲写龙湫难下笔，不游雁荡是虚生。

——清·江弢叔

雁荡山位于浙江东南沿海，分北、中、南雁荡山。历史上所说的雁荡风景区，是指北雁荡，其实南雁荡也很奇丽。雁荡山是亚洲大陆边缘白垩纪火山的典型代表，是研究流纹质火山岩的天然博物馆。雁荡山一山一石记录了距今1.28亿—1.08亿年间一座复活型破火山（破火山：专有名词，指在火山顶部的较大的圆形坳陷）从爆发、塌陷到复活隆起的完整地质演化过程，为人类留下了研究中生代破火山的一部永久性文献。

雁荡山山体，主要是由流纹岩构成。熔岩在喷出、流动和冷凝过程中，产生了各种溶洞、气孔和流纹等构造，垂直节理发育，经漫长风化作用形成极为丰富的造型地貌。自古以来人们用“天下奇秀”“奇谲善变”来赞美雁荡山。

雁荡山自有其自身的山水美学特色。雁荡山由于地形复杂，有景象丰富、一景多象等景观特点，所以雁荡山最突出的特点还是奇。雁荡奇在流纹岩特有的造型上；奇在自然景观非同寻常、出人意料、变幻莫测之美上；奇在摩天劈地、拔自绝壑的峰；奇在倚大高地、气势磅礴的嶂上；奇在夺人心魄的大大小小的瀑布上。

“奇峰百二”，是构成雁荡自然景观的基础。明代旅行家徐霞客评说道：“峭立亘天，危峰乱叠，如削如攒，如骈笋，如挺芝，如笔之卓，如幞之欹……突兀无寸土，雕镂百态。”石峰相对高度一般100—300米，拔地而起，可望而不可即。它们造型各异、形象逼真，有合掌礼拜的灵峰，有端坐莲台的观音峰，有拱手迎客的“接客僧”，还有双笋峰、一帆峰等。

山中著名的岩嶂有22列。嶂是指连续展开的悬崖峭壁，从灵峰的倚天嶂到大龙湫的连云嶂蜿蜒蟠结，气势磅礴，纵贯整个景区。

雁荡山的溶洞不同于石灰岩溶洞，它是岩浆在流动时，因固结不均局部岩浆流失或两次熔岩中间未填满而形成的洞。另一类是沿裂隙崩塌形成的洞。溶洞一般不深，不少庙宇依洞而构筑，形成古洞石室的独特风格。

雁荡飞瀑姿态各异，规模较大者有20多处，一般终年有水。

大龙湫瀑布一级落差190多米，从连云嶂悬壁上凌空而下，气势宏伟，变化万千，清代诗人袁枚咏道："龙湫山高势绝天，一线瀑走兜罗绵。五丈以上尚是水，十丈以下全为烟，况复百丈与千丈，水云烟雾难分焉……"写出了瀑布变幻多姿的风采。然而，"欲写龙湫难下笔"，只有亲临其境，才能领略其风韵。

小龙湫在幽深的灵岩寺后边，从100多米高的悬壁中飞泻而下，画家潘天寿在《小龙湫一截》中题写道："雁山峰壑，怪诞高华，令人不能想象。所谓鬼斧神工，直使诗画家无从下笔。"

雁荡景观，奇闻天下，但不只是在奇，还有雁湖岗、龙湫背之雄伟；云洞栈道之险；仙溪、清江山水之秀；初月谷、鸣玉溪、灵岩及诸多洞穴景观之幽冥。登上百岗尖，俯瞰百座山冈于脚下，领略"山登绝顶我为峰"的高旷，下至海滨、乐清湾，欣赏"海到尽头天作岸"的平旷景观，无不让人惊叹与折服。

雁荡山作为中国"十大名山"之一，素有"寰上名山""东南第一山"之誉，属于国家5A级景区。2005年2月，因具备"古火山立体模型"的特性，雁荡山被联合国教科文组织评为世界地质公园。

冠豸山

碧血千年化作山，嵯峨犹带谏时冠。至今抗直回天日，不与诸峰列一班。

——明·吴檖《冠豸峰》

冠豸（zhài）山，旧称东田石，又名莲峰山，位于福建省西部龙岩地区所属的连城县。风景区是以奇特的冠豸山为中心、以周围众多的自然景观为特色的自然景观区，总面积123平方千米，属国家重点风景名胜区、4A级旅游区，以山峻、石奇、谷幽、水秀著称。

冠豸山的“豸”字在当地人一直读作“zhài”，因其主峰形似古代的执法者戴“獬豸”冠而得名，素为闽西客家人推崇，有“客家神山”之誉。该名胜区与福建北部另一著名的武夷山风景名胜区被称为“北夷南冠”。具有突出丹霞地貌特征的冠豸山景区窄谷幽深，岩壁如屏，气势雄旷，状如莲花，形似豸冠，风景十分秀丽。

景区内有九曲文溪绕山而过，西侧有石门岩水库。主要的风景点有20余处，摩崖石刻39处，还有亭、阁、寺庙、书院等各式建筑几十处，其中寿星峦、水门墙、照天烛等景点尤为罕见。

冠豸山平地兀立，不连冈而自高，不托势以自远，外直中虚，柱石挺立，奇险而幽秀。在这处山群簇丛中，有羊肠小道绕山盘曲，淙淙泉水在石底缓缓流淌，回环曲折。山中风光最佳处为苍玉峡，其山腰间筑有一半山亭，亭之西有一巨石，高壁端正，独留一面。巨石壁上有明代名儒黄公甫仿书法家颜鲁公字体而刻下的“冠豸”二字，字径数尺。在“冠豸”二字下，有清代乾隆时期的翰林朱阳镌刻的“上游第一观”。

冠豸山风景区中的巨石桥，上有流泉，垂如秋霞，昔日常有片片桃花飞上水面，因其景如晋代陶渊明所撰文《桃花源记》中的情形相类，故称之为桃花源。过石桥后，南面有处石园，园中有洞，岩洞深邃，可容数十人。洞右边有清池一泓，称之为金字泉。泉畔耸峙两峰，峰间断开，在此仰望天空仅呈一线，称为“一线天”。

泉左为五老峰，右为灵芝峰，峰壁上镌有“壁立千仞”四个字。峰下昔有灵芝庵，现已圮废。北面有小丰山，相传唐代欧阳仙曾炼丹于此。山外石笋林立，内有一石，拔地而起，高数十丈，称为照天烛。旁为莲花洞，洞中有水渗出，风景别致。

冠豸山山下有石门岩湖，湖面为300公顷，四周水环山绕，形成山奇、水秀、谷幽、洞迷的特色。文物古迹有二邱书院、东山草堂、半云亭等14处古建筑；还有历代题刻多处，其中包括林则徐题匾“江左风流”等。

武夷山

1999年12月，武夷山被联合国教科文组织列入《世界遗产名录》，荣膺“世界自然与文化双重遗产”，成为全人类共同的财富。

武夷山，位于福建省武夷山市南15千米处，是典型的丹霞地貌，是中国著名的风景名胜区，素以“武夷奇秀甲东南”而名扬于外。武夷山有九曲溪、桃源洞、云窝天游、一线天、虎啸岩、天心岩、水帘洞七大景区。1999年12月，该景区被联合国教科文组织列入《世界遗产名录》。武夷景色，贵在天然，它以丹霞地貌为特征，以溪、壑、峰、岩、瀑、洞称胜。

武夷的美感在于山。由于远古时期地壳运动，加之重力崩塌、雨水侵蚀、风化剥落的综合作用，山体发生奇特变化。峰岩上升，沟谷下陷，山色因地热氧化而显红褐，山形因挤压而倾东。

武夷山是全国200多处丹霞地貌中发育最为典型的景区。地壳运动使这里的奇峰怪石千姿百态，有的直插云霄，有的横亘数里，有的如平屏垂挂，有的傲立雄踞，有的亭亭玉立……就武夷山的景观而言，神似居多，更加耐人品味。

水帘洞为武夷山著名的“七十二洞”之一。洞有历代名人的题刻，著名的有朱熹七绝的名句“问渠那得清如许，为有源头活水来”的篆体字。有明代景点题刻“水帘洞”以及楹联石刻“古今晴檐终日雨，春秋花月一联珠”。

水帘洞不仅以风景取胜，而且是武夷山道教胜地，古来道观多择此构建，为山中著名的洞天仙府，又称唐曜洞天。洞室轩宇明亮，洞底岩叠数层，呈长条形，设有石桌石凳，供人休憩。全洞面积约100平方米，洞沿设石栏护卫，凭栏可尽赏洞外飘洒飞散的水帘。

武夷的灵性在于水。武夷山麓中有众多的清泉、飞瀑、山涧、溪流。流水潺潺，如诉如歌，给武夷山注入了生机，增添了动感，孕育了灵气。其中，最具诱惑力的莫过于九曲溪。

九曲溪发源于武夷山自然保护区黄岗山南麓，全长60千米，流经景区9.5千米，山环水转，水绕山行，自有风情。“曲曲山回转，峰峰水抱流”，是九曲溪传神的写照。

九曲溪的景观，集武夷山水之大成，乘坐竹筏游览九曲溪是一大享受。竹筏顺流而下，仿佛是进入了一条充满诗情画意的长廊。九曲溪水抱山而流，丹霞、赤壁、奇峰、怪石、蓝天、白云、鲜花、瑞草、翠竹、苍松，纷纷映入水中。竹筏每随流水拐一道弯，景色就随之一变，真是移步换景，人在画中游。

日月潭

每当夕阳西下、新月东升之际，日月潭日光月影相映成趣，更是优雅宁静，富有诗情画意。

日月潭，位于南投县鱼池乡水社村，是台湾省唯一的天然湖，由玉山和阿里山之间的断裂盆地积水而成。湖面海拔760米，面积约9平方千米，平均水深30米，湖周长约35千米。日月潭四周群山环抱，层峦叠嶂，潭水碧波晶莹，优美如画。

每当夕阳西下、新月东升之际，日月潭日光月影相映成趣，更是幽雅宁静，富有诗情画意。日月潭中有一小岛，远望好像浮在水面上的一颗珠子，名珠子屿（光华岛），以此岛为界，北半湖形状

如圆日，南半湖形状如弯月，日月潭因此而得名。

日月潭四周的群山有多处名胜古迹，如文武庙、玄光寺、涵碧楼、慈恩塔、孔雀园等。文武庙在潭北面的山腰上，依山而筑，大理石牌楼上书“文武庙”三字，左右分别“崇文”“重武”楹题，文庙祭祀孔子，武庙祭祀关公。在文武庙楼顶，可俯瞰全潭景色。文武庙东南的公路边有孔雀园，是台湾省孔雀的繁殖基地，园中孔雀经过训练，能跳舞、开屏和敬礼。日月潭南侧是青龙山，海拔950米，山麓的玄光寺，供奉唐代高僧玄奘法师全身塑像，寺中悬有“民族法师”楹额。从玄光寺后登1300级石阶，便抵玄奘寺。该寺建于1965年，寺中存放着玄奘法师的部分遗骨。玄奘寺后的山顶上建有一座高45米的慈恩塔，系中国式宝塔。

涵碧楼在日月潭西北的山坡上，是台湾一流的西式旅馆，清静雅致。门前有两株高大的椰子树，透过一楼阳台而生长，别有情趣。站在涵碧楼顶平台，凭栏赏潭，湖光、翠竹、白云、小舟尽收眼底。

日月潭附近的德化社，是高山族聚居的村落，现已建为山地文化村，山胞歌舞翩翩，尤以表现舂米的“杵舞”吸引着众多游客。日月潭风景区不但风光美丽，而且气候宜人，7月平均气温略高于

22 ℃，1月略低于15 ℃，日月潭以其天生绝色，被称为台湾仙境，也是台湾省的标志。

野柳风景区

2005年10月，在由《中国国家地理》主办的“评选中国最美的地方”活动中，野柳被评为中国最美八大海岸之一。

野柳风景区，位于台湾北部基隆市西北方约15千米处的基金公路，在北海岸金山与万里之间。该景区是一个突出海面的狭长海岬，长约1700米，远望如一只海龟蹒跚离岸，昂首拱背而游，因此也有人称之为野柳龟。景区中有海蚀洞沟、烛状石、蕈状岩、豆腐石、蜂窝石、壶穴、溶蚀盘等各种奇特景观。

在2000多万年前，台湾仍在海里。后来，福建一带冲刷下来的泥沙，一层层地堆积出砂岩层，600万年前的造山运动把岩层推挤出海面，形成台湾岛，野柳是其中的一部分。造山运动挤压时，在野柳的两侧推出两道断层，断层带破碎易受侵蚀，所以两侧凹入成湾，中间突出形成海岬。

接下来，在海浪、雨水和风的侵蚀，以及地壳不断的抬升下，造成野柳的奇岩怪石。上升至海面的海底沉积岩，产生了附近海岸的单面山、海蚀崖、海蚀洞等地形。海蚀、风蚀等在不同硬度的岩层上作用，形成蜂窝岩、豆腐岩、蕈状岩、姜状岩、风化窗等世界级的岩层景观，造就了千奇百怪的瑰丽景象。

进入野柳风景区，沿着步道而行，一路可尽览奇特的地质景观，如女王头蕈岩、仙女鞋、象石、玛玲鸟石等，造型各异其趣，行至岬角尖端，即为白色的野柳灯塔，在此展望海天一色，最是令人心旷神怡。

除了奇特的地质和石头以外，野柳亦是众多候鸟休憩的驿站，是赏鸟人士眼中的宝地。野柳长约 1700 米，宽仅 250 米，有丰富的海蚀地形。

位于风景区入口右侧的野柳海洋世界，是台湾唯一的海豚、海狮表演馆，可容纳 3500 位观众。野柳海洋世界也是台湾第一座海洋动物表演馆，各种有趣的动物表演令人捧腹大笑。

表演馆为半圆形看台，设有遮雨篷。外墙由象征大海的深浅蓝色粉刷而成，体现出野柳海洋世界的亲水特色，外观的湛蓝色彩正好和海天呈一色，与大自然景观融合为一体。

园区另一主题为长约 400 米的海底隧道，集中了世界各地的稀有名贵海洋水族，走进隧道中，上千尾各式各样的鱼儿在身边穿梭，十分有趣。

海洋世界右边有一处称为“天外天”的小平台，沿渔村小道步行 10 分钟，顺石阶拾级而上，可登上岩石构成的山顶平台，游目四望，优美的野柳胜景尽收眼底。

野柳一带的潜礁地形，孕育了丰富多样的海洋资源，位于海洋世界旁的海王星乐园顺势推出了玻璃底游艇，人们不用潜水即可欣赏美不胜收的海底世界，另外还有飞鱼特快艇，让游客驰骋海上，从不同角度欣赏野柳海岸之美。

漓　江

漓江之美，如诗如画，如烟如梦，那绿水、青山、翠竹、奇石，仿佛一幅典型的中国水墨画，令人见之而忘俗。

漓江，位于广西壮族自治区东北部，发源于兴安县猫儿山，流经桂林市、阳朔县，在梧州市汇入西江。上游称大溶江，从灵渠在溶江镇与漓江汇合口至平乐县恭城河口的一段，称为漓江，全长160千米。这160千米的山水，历来被人们誉为世界上风光最秀丽的河流，是集山水之灵气于一体的奇迹。

漓江风景区是世界上规模最大、风景最美的喀斯特山水旅游区。喀斯特地貌是指石灰岩受水的溶蚀作用和伴随的机械作用形成的各种地貌，如石芽、石沟、石林、溶洞、地下河等。在水流作用下，地下水对碳酸盐岩不断产生侵蚀作用，形成陡峭的海岸、弯曲的沟壑、高高的悬谷等奇观。具有喀斯特地貌的地区，往往奇峰林立，溶洞遍布。

漓江沿岸是中国喀斯特地貌分布广、发育典型的地区之一，孤峰、峰林、峰丛、喀斯特泉、暗河、反复泉、周期性泉与涌泉等喀斯特地貌随处可见。风景区内岩溶发育完善，地面奇石遍布，有的峰林簇拥，有的一山独秀，姿态万千。地下更是溶洞密布，多达2000余个，人称“无山不洞，无洞不奇”，犹如神仙洞府。

漓江两岸青山连绵不绝，奇峰林立，漓江沿岸，翠竹、茂林、田野、

山庄、渔村随处可见，充满了恬静的田园气息，仿佛一幅水墨山水画上绝美的点缀，为漓江更添几分秀色。

漓江最著名的山是画山，最美的景是黄瀑倒影。画山高416米，临江绝壁上有藻类等低等生物死亡后的钙化产物，因而呈现出了颜色不同、深浅有别的山崖色彩带，鲜艳如画，堪称天下奇观。在阳光的照射之下，画山呈现出更加五彩缤纷的亮丽景观，见者无不称奇。

漓江之美，如诗如画，如烟如梦，那绿水、青山、翠竹、奇石，仿佛一幅典型的中国水墨画，令人见之而忘俗。“漓江神秀天下无”，漓江是一个大自然的奇迹，是集造物主万千宠爱于一身的奇迹。

阿里山

阿里山是台湾的三大原生林区之一，也是中国现存不多的原始森林之一，茂密的森林充满着勃勃的生机和动人的野趣。

阿里山，位于台湾省南投和嘉义两县境内，是包括了鹿林山、石山、儿玉山、水山、祝山、万岁山、对高山和大塔山等高度在海拔2400—2900米之间18座高峰的合称，最高峰为大塔山，海拔2905米。

阿里山脉北起鼻头角，向南偏西方向延伸，最后没入台南与高雄之间的原野，全长约300千米。阿里山脉在其东南侧以一系列的断层线和断陷带同玉山山脉相隔。南投和嘉义两县境内是阿里山脉高峰最集中之地，这里森林茂密，绿海无际，溪壑纵横，风景秀丽，特别是以云海、日出、神木和樱花四奇名扬四海，加上著名的阿里山森林铁路，合称为“阿里山五奇”。阿里山森林游乐区也是台湾最著名的森林游乐区之一，每年吸引着来自海内外的无数旅游者。

阿里山森林游乐区位于嘉义县阿里山乡东北侧，北距阿里山主峰（海拔 2480 米）约 15 千米。山体大部分由第三纪的砂岩和页岩构成，长期的风化使这一带山势较为和缓。在群峰之间有一处高山夷平面，海拔约 2400 米，地势平坦开阔，总面积约 8 平方千米，为阿里山森林游乐区的主要活动场所。

祝山观日峰海拔 2460 米，位于阿里山森林游乐区的东南方，山顶建有观日楼，是阿里山观赏日出和云海的最佳场所。春天 6 时左右、夏天 5 时左右、冬天 7 时左右可在这里看到太阳从东方的群山之巅跳跃而出的壮丽景象。

阿里山是台湾的三大原生林区之一，也是中国现存不多的原始森林之一，茂密的森林充满着勃勃的生机和动人的野趣。阿里山林区东西长约 46 千米，南北宽约 36 千米，总面积达 310 平方千米。

100 多年前，阿里山森林主要是高山族的狩猎场，漫山遍野的森林中栖息着众多的野生动物。日本侵略者占据台湾以后，阿里山成为他们对台湾森林进行掠夺式采伐的重点地区之一。著名的红桧巨树被大量砍伐，然后运到日本，用于修建皇宫和神社。至 1945 年日本投降交还台湾时，阿里山林区的森林已被砍伐了 90 多平方千米，共计木材 400 多万立方米，剩余可供采伐的天然森林已为数不多。

现在阿里山的中心地带已被开辟为旅游活动场所，这样有助于更好地保护阿里山的森林资源和野生动物。从山下坐火车上山，可以看到沿途的植物种类和植被景观随着海拔高度的上升而出现变化。

阿里山海拔 800 米以下，多是热带植物，如榕树、槟榔、相思树、龙眼、芒果和茄冬等；过了海拔 800 米的独立山后，地形突然变得复杂起来，森林越来越密，四周见到的是各种槠、柯和樟树，以及台湾肖楠、油杉、栓皮栎、台湾胡桃和台湾榉等，呈现为亚热带的植被景观。

海拔1700米的屏遮那以上，景观转为以茂密的红桧和扁柏纯林为主的温带针叶林，这里是著名的“阿里山五木”——红桧、扁柏、亚杉、铁杉和姬松的主要生长地。但见林涛澎湃，风景壮阔，是阿里山林区的精华所在。

阳朔山水

桂林山水甲天下，阳朔山水甲桂林。

阳朔，位于广西壮族自治区桂林市，是漓江风景区的终端。这里是山的世界，有数不尽的石峰，既突兀峭拔，又相互毗连，似玉笋，又像盛开的碧莲，徐霞客把阳朔喻为“碧莲玉笋世界”。这里的山形奇特，阳朔以北二峰并立如羊角，借谐音名阳朔。

古人称此“阳川百里尽是画，碧莲峰里住人家”。宋代李纲观山忘食，作诗曰：

辍饭支颐看翠微，人间应见此山稀。
无从学得王维手，画取千山万壑归。

碧莲峰山北石壁如镜，原名鉴山。碧莲峰原指阳朔诸山的总称，故有“碧莲峰里住人家”之句。自广西布政使洪珠在鉴山岩壁镌刻“碧莲峰”三字后，碧莲峰便成鉴山的专称。此山东面临江，南北西三面倚阳朔城。山形如含苞待放的碧莲，苍翠欲滴，倒映江中，亭亭玉立，分外妖娆。

碧莲峰麓有一条风景道，徜徉此道，便可饱览荟萃的风景。从县城南行，首先见到的是“鉴山楼”，这是在唐代鉴山寺遗址上的建筑。楼南是“迎江阁”，上层八面开窗，一窗百景，步移景换，固名“风景窗”。石壁上有清道光甲午仲春阳朔县令王仁草书“带”字，高6米。细看带字内含“一带山河，少年努力”八字笔意，一气呵成，气势不凡。也有人竟然看出为“一带山河甲天下，少年努力举世才”14个字。

阳朔“月亮山”堪称天下一绝。山峰如屏高耸，山顶一洞，半圆形，两面穿透，远望之，如明月一轮，高悬天际，故称明月峰，俗称月亮山。洞高约12米，宽19米，远望大小和人们常见天空的月亮相似，而且也有圆缺。初见近似满月，随着人们沿着公路向前走动，月亮越变越小，走了200—300米后，最小时像初三、初四的月牙。再前行，又逐渐变大，直到浑圆。原因是此峰后边还有一峰，峰顶刚好盖住洞穴，人们移动时，洞穴被后山峰遮住部分越大，月亮就变小，反之，遮住部分越小，月亮就变大。

美国前总统尼克松参观月亮山时，起初不相信是天然景观，他说以为这是中国过去的某位皇帝命人开凿的。登临洞穴细看后，方知是自然天成，顿时感慨道：“上帝给予中国的好东西太多了。”

莲花岩位于兴坪镇东北6千米白山底村旁，因岩内有100余块像莲叶的盘石而得名。岩洞长481米，最宽处25米，最高处38米。岩内曲径通幽，钟乳石、石柱、石幔遍布，景色奇特壮观。

仙莲倒吊：一簇簇似莲瓣的钟乳石，像一朵大莲花高悬洞顶。

双龙出洞：岩壁左右各有一条自然壁渠延伸至洞底，蜿蜒弯曲，活似双蛇爬行。

深潭巨蟒：岩深处有一深潭，水潜通岩外小河，潭边有数条石痕，其中有一条如巨蟒盘绕潭边。蟒身皮纹、斑点，清晰如真。近处有一组钟乳石片，击之能发出不同音响，称“七音石”。

“莲塘奇观”是全岩的精华部分，100余块大小不一的盘石，每块厚约30厘米，最大者直径1.5米，形如浮水莲叶，其间布满状若莲子的石球。此景是著称中外的溶洞奇景。

此外，还有“南天一柱”“水淹金山”“玉片凌空”“暗道漫游”等景。

桂平西山

桂林山水甲天下，更有浔城（桂平西山）半边山。

桂平西山，位于广西壮族自治区桂平县西1000米处。风景区以西山为中心，包括金田村、金田营盘、浔州古城、白石洞天、大藤峡、罗丛岩、紫荆山、大平山原始森林等。

桂平西山以“石奇、树秀、茶香、泉甘”著名。该山峰峦嵯峨，数十乃至百余立方米的巨石叠嶂中有怪石嶙峋，石径曲幽。石树参天，绿荫匝地，自然景观壮丽，素有“桂林山水甲天下，更有浔城半边山”之誉。这“浔城半边山”指的就是桂平西山。另外，西山茶闻名遐迩，清香可口，泉甘历来为世人所称道。

乳泉井在桂平市西山乡西山上。井始于宋。井口圆形，花岗石砌成，径1米，井深1.40米，水深0.5米。县志载：“泉清冽如杭州龙井，而甘美过之，时有汁喷出，白如乳，故名乳泉，冬不枯，夏不溢。”

井旁有乳泉亭，是1917年两广巡阅使陆荣廷倡建的。此亭呈方形，花岗岩石柱构筑台基。亭为砖柱木梁架，歇山青瓦顶，回廊式亭，面积75平方米。井西崖壁有摩崖：“泉边有石为吾友，客里逢人说此山。”北崖壁有“盘石茶芽咸称美味，深溪乳水众试皆甜”。

大藤峡位于黔江下游，其出口处距桂平市区约8千米。峡以桂平、武宣县交界的横石矶为入口，弩滩为出口，全长44千米，均在本市境内，素有“珠江流域第一峡”之称。峡的两岸奇峰耸峙，急流险滩时隐时现，陡坡、深谷、悬崖、峭壁、支流相间。夏日滩涛翻滚，洪波击岸；秋天碧波荡漾，江山辉映，是广西境内最典型的峡谷风景。

苍玉峡又名青玉峡，俗称洞门巷，是攀登白石、进入洞天的必经之路。峡的两旁峭壁千仞，悬崖峭壁之间，一条宽仅两米、高约三四百米的石巷穿崖而上，中有石阶，游人攀登在险陡的石阶上，仰望天空，只剩下一道弯弯的蓝线，故又称“一线天”。

云梯在苍玉峡之上，酷似高悬云端的一把梯子，因名云梯，又叫“三十六阶”，隐喻“脚踏云梯上青天”之意。梯凡136阶，系在一块长形巨崖上开凿而成的石磴，宽约1米，陡而险，足有70度以上的坡度，游人攀登其上，一种如李白诗中所说的“山从人面起，云傍马头生”的感觉油然而生，胆小者往往望而却步。

白石山以西数里有飞鼠岩。一座石山，两块如山大石互相撑持，构成“八”字形的洞口，这就是飞鼠岩。岩的四周丘陵起伏，利于飞鼠栖息活动，岩内洞厅高50余米，宽30余米，深20多米，栖息飞鼠数以万计，每到傍晚时分，飞鼠成群结队由洞中飞出觅食，黑压压的一大片，在空中形成一朵乌云，发出类似波涛一样的巨大响声，景象非常壮观。

丹霞山风景区

方圆280千米的山群，无景不奇，有“玉女拦江”“阳元石”“毛公石”“群象过江”等天人合一的大自然杰作。

丹霞山风景区，又名“国家红石公园”，因“色如渥丹、灿若明霞”而得名“丹霞山”。丹霞山位于广东省仁化、曲江两县境内，距仁化县城4千米、广东省韶关市50千米，面积180平方千米。1988年8月1日，该山被中华人民共和国国务院认定为国家级风景名胜区。

丹霞山作为世界第一流的“丹霞地貌”，经过了漫长的地壳运动，是大自然鬼斧神工的杰作。在距今七千万年至一亿年的中生代晚期至新生代早期，是地壳运动最强烈的时代，南岭山地强烈隆起，丹霞山一带相对下陷，形成一个山间湖泊。这时，四周的溪流雨水年复一年地将泥沙碎石冲入湖盆，在高温之下，泥沙中的铁在沉积中变成了三氧化二铁，在高压之下，又凝结成红色的沉积砂岩。

到了距今4000—5000万年前后，又一次地壳运动将丹霞这个湖盆抬升，湖底变成了陆地。山岳在继续抬升中岩体大量断裂，加上锦江及其支流的切割，风霜雨雪的侵蚀，坚硬的粗石砾岩与松软的粉砂岩出现程度不同的分化和崩塌，松软的砂岩层形成了水平槽、燕岩、书堂岩、一线天、幽洞通天等。坚硬的砾岩则突出成为悬崖、石墙、石堡和石柱，如巴寨、茶壶峰、阳元石、望夫石、丹梯铁索等。千奇百怪、诡异万状的“丹霞地貌”，在大自然鬼斧神工的雕琢中变成了今天的模样。

丹霞山作为世界地理学丹霞地貌的命名地，是世界同类地貌中面积最大，发育最典型，类型最齐全，造型最丰富，景色最奇特的名山。方圆280千米的山群，无景不奇，有“玉女拦江”“阳元石”“毛公石”“群象过江”等天人合一的大自然杰作。

“群象过江”位于丹霞山西北部。因前后排列的五座崖峰，远远望去，状似五只大象正在江边徘徊、饮水而得名。在这“五象”之中，有一座山峰的形象最为逼真，它那长长的“鼻子”一直伸到锦江河里去了，那形态仿佛要把锦江之水喝干。五只“大象”在蓝天下，迈着威武雄壮的步伐，似要越过锦江朝丹霞山走来。

锦岩飞瀑又叫马尾泉，古称“龙尾泉”，位于锦石岩前，是一条气势宏伟、韵味清丽的瀑布。泉水源头在海螺峰右边的山涧中，流出地表后，从锦石岩上面的山顶上飞泻而下，直落山底，形成200多米长的悬泉瀑布。清泉如白练般从山顶倾泻而下，被徐来的山风撕为千丝万缕，随风摇摆，俨如天马扬尾，气势非凡。若站在岩前的观瀑亭凝神注目，则身有“飞阁悬空，下临无地”、目有“丹崖垂帘，银河如帛”之感。

海南岛

> 二石的左边，有一石柱耸立，上刻“南天一柱”四个大字。站在石柱旁遥望，只见海天一色，蔚蓝纯净，海浪翻滚，真让人以为是到了天涯海角。

海南岛，位于祖国东南方向，地理上为最南端。北以琼州海峡与广东划界，西临北部湾与越南社会主义共和国相对，东北濒南海与台湾省相望，东南和南边在南海中与菲律宾、文莱、马来西亚为邻。海南岛的长轴呈东北—西南向，长300余千米，西北至东南向为短轴，长约180千米，面积3.39万平方千米，是仅次于台湾的全国第二大岛。

琼州海峡宽约20千米，即是海南岛和大陆间的海上走廊，又是北部湾和南海之间的海运通道。海南岛北隔琼州海峡，与雷州半岛相望。由于海南岛邻近大陆，加之岛内山势磅礴，所以每当天气晴朗、万里无云之时，站在雷州半岛的南部海岸遥望，可见海南岛。

据考证，海南岛与雷州半岛本来连在一起，只是到了距今1万年前，海面上升，海浪冲刷，形成一条长达100余千米、宽约20千米的琼州海峡，才使两者隔海相望。

海南岛的地形，以南渡江中游为界，南北景色迥然不同。南渡江中游以北地区，和雷州半岛相仿，具有宽广的台地和壮丽的火山风光，还有一座当今世界上保存比较完整的死火山口——马鞍岭火山口。

在南渡江中游以南地区，五指山横空出世，周围丘陵、台地和平原围绕着山地，环环相套，南部沿海，山地直逼海岸，气势十分雄伟。

海南岛是一座美丽的热带岛屿，一年“四时常花，长夏无冬”，年平均气温 24 ℃左右。7 月份是最高气温的月份，平均温度只有 28.4 ℃，加上海风吹拂，并无十分闷热的灼人之感。1 月份是最冷的月份，平均气温为 17.2 ℃，温暖如春。

海南岛属于海洋性热带季风气候，植被生长快，植物繁多，为热带雨林、热带季雨林的原生地。海南岛有植物 4000 多种，约占全国总数的 1/7，其中 600 多种为海南特有的品种。在 4000 多种植物资源中，有药用植物 2500 多种，乔灌木 2000 多种，其中经济价值较高的植物 800 多种，被列为国家重点保护的特产与珍稀树木 20 多种，热带观赏花卉及园林绿化美化树木 200 多种。

海拔 1400 米的尖峰岭，是中国仅有的两个热带雨林保护区之一（另一个是西双版纳）。在林木茂盛的保护区内，生长着 300 多种乔木和灌木，其中有许多珍稀树种。尖峰岭下的莺歌海，为我国的大型盐场，这里海水的含盐量高，是世界上少有的优良盐场。

三亚市位于海南岛最南端，是一个“胜似夏威夷”的旅游胜地。“天涯海角”就在这里的海滩上。海滩之上，奇石累累，或成群簇立，或孤石突兀，其中有一浑圆巨石上，刻着“天涯”两字，在其旁一块卧石之上，又镌有“海角”两字，构成天涯海角旅游区的主体。二石的左边，有一石柱耸立，上刻“南天一柱”四个大字。站在石柱旁遥望，只见海天一色，蔚蓝纯净，海浪翻滚，看到海天相接的天际线，真让人以为是到了天涯海角。

岛上的土著居民有黎、苗、回、汉等民族。千百年来，古朴独特的民族风情使岛上的社会风貌显得更加丰富多彩。

海南岛的旅游资源十分丰富，极富特色。在海南长达1528千米的海岸线上，沙滩宽数百米至数千米不等，多数地方风平浪静，海水清澈，沙白如絮，清洁柔软；岸边绿树成荫，空气清新。海水温度一般为18—30℃，阳光充足明媚，一年中多数时间可进行海浴、日光浴、沙浴和风浴。

在东海岸线上，还有一种特殊的热带海岸森林景观——红树林，以及热带特有的海岸地貌景观——珊瑚礁。

大山深处，小河、山溪回绕穿行于深山密林之中，中间大石叠置，瀑布众多，让海南不仅拥有美丽的海岸风光，还有秀丽的湖光山色。

鼎湖山

鼎湖山自然保护区内林木葱茏，植物资源十分丰富。世界上不少与鼎湖山同纬度的国家和地区大多是茫茫大沙漠，而这里却是一派生机盎然的青翠。

鼎湖山自然保护区位于广东省肇庆市东北约19千米处，为广东省国家级风景名胜区肇庆星湖的组成部分之一。保护区包括鼎湖、三宝、凤来、鸡笼、伏虎、青狮等十多座山峰，总面积约11.3平方千米。主峰鸡笼山海拔约1000米，山势雄伟，高耸入云，被中外学者誉为“北回归线上的绿宝石”，与丹霞山、罗浮山、西樵山合称为广东省四大名山。

鼎湖山之绝顶有湖，四季不枯，本名顶湖山，相传黄帝曾铸鼎于此，故称鼎湖山，也有人说因湖周三峰鼎足而立，故名。这里既有世界代表性的亚热带植物，又有秀丽的天然景观，是理想的旅游胜地。

鼎湖山自然保护区内林木葱茏，植物资源十分丰富。世界上不少与鼎湖山同纬度的国家和地区大多是茫茫大沙漠，而这里却是一派生机盎然的青翠。鼎湖山年平均气温为21 ℃左右，雨量十分丰富，适宜亚热带植物的生长。

这里有亚热带最珍贵的天然森林，有罕见的树种和珍贵的动物，也有奇花异草和各种植物。其中有不少是国内外罕见的宝贵品种，高等植物就多达1700余种，如观光木、格木、尖杉等，还有桫椤、苏铁、鼎湖钩樟、鼎湖冬青等孑遗珍贵植物。动物中主要有太阳鸟、白鹇、苏门羚、药用穿山甲、栗鹈等，经济价值和科研价值均较高。

鼎湖山林壑幽深，泉溪淙淙，飞瀑高悬，自然风光优美迷人。保护区西北部的云溪风景区以飞瀑奇景出名，雄伟壮观的梯级瀑布和瀑下清澈见底的水潭与两边葱郁的林木、悬崖绝壁交相辉映，观之使人心旷神怡。

鼎湖山中最著名的景点要数“飞帘洞天瀑布”，过了“浴佛池”，就隐隐听得阵雷轰鸣。沿溪急上，可见在壁上千仞处，水帘从30米高处倾下，直冲一泓圆圆的清潭，状如天井。瀑布四周青枝绿叶，漏下点点阳光照映水雾，彩虹时现。飞瀑落潭，形成激湍旋涡，汹涌澎湃，寒气袭人。

最可观的是高空水帘飞越飘石下泻，瀑布晶帘飘出，游人可步入晶帘之后，贴崖而过，如入水帘洞中，只见雪光摇曳，帘幕垂落，数滴水花湿衣，妙趣横生。站在水帘洞内，隔着水帘往外看，犹如在竹帘窗内外望景物一样，隐隐约约，帘幕掩映，岩壑朦胧，景物扑朔迷离，别有情趣。

山间还有不少的人文景观，如庆云寺、白云寺等古迹。庆云寺位于鼎湖山中部地区，始建于明代，清代时期又大加修缮，建筑面积曾达10 000平方米，成为岭南名刹之一，现在除修复了大雄宝殿等殿宇外，又改建了旅舍，增建了亭阁等建筑。白云寺位于鼎湖山西南隅，始建于唐代，明清时期均有重修，寺内外及附近有涅槃台、跃龙庵、钓鱼台、老龙潭、浴佛池等古迹名胜。

1956年，鼎湖山成为我国第一个国家自然保护区，1979年又成为中国第一批加入联合国教科文组织“人与生物圈”计划的世界生物圈保护区，建立了“人与生物圈”研究中心，成为国际性的学术交流和研究基地。

东寨港红树林

红树林有个奇特的功能，它的根、叶可以滤去使植物死亡的咸水，因而是唯一能生长于热带地区的沿海滩泥和海水中的珍贵植物。

东寨港自然保护区位于海南省琼山县东约20千米处的一个大海湾内，西北距省会海口约30千米，是以保护红树林为主的自然保护区。

红树林是热带、亚热带滨海泥滩上特有的植物群落，它具有很多其他植物所不具备的生命力。红树林属红树科常绿灌木，树皮呈红褐色，树叶墨绿，其根、枝交错的蛛网，十分发达。红树林有个奇特的功能，它的根、叶可以滤去使植物死亡的咸水，因而是唯一能生长于热带地区的沿海滩泥和海水中的珍贵植物。世界各地把红树林当作珍贵的自然资源来保护。国际上现已成立红树林学会，定期举行学术交流，促进红树林的保护和发展。

红树林以灌木林为主，一般仅高2—3米，生长于海岩滩涂。每当海水涨潮时，红树的树根树干全被海水淹没，只有茂密的树叶浮在海面上。海水退潮后，泥泞的树干露出海面，盘根错节，犹如一片原始森林，故被誉为“海上森林”。

为适应生长环境，红树林具有高等动物的胎生特点。红树种子成熟以后不掉落，而是在母树上发芽，向下伸展出幼根。幼树一旦长成，便自行从母树上脱落，后才跟果实一起坠入泥中，即使被海浪冲走，也能随波逐流，数月不死，一遇海滩，数小时后即可生根。由于茎和根较重，幼根可以很好地插入海滩泥土中，继续独立地生长，一至两年后便可长成一株小灌木。它有发达的支柱根和板状根，在险风恶浪中能岿然不动。从种子成熟到完全成材，红树的这一系列创造生命的过程，完全可以和哺乳动物生养后代的行为相比。

红树林受到世界许多国家的科学家和民众的高度重视。琼山市红树林生长历史久远，至今仍保持着原始的状态。对于红树林的价值，海南人民早有认识。1980 年，政府在今琼山市东寨港海域设立红树林自然保护区，这也是我国建立的第一个红树林保护区。

东寨港的红树林保护区绵延 50 多千米，总面积 6 万多亩。成千上万棵红树，根交错着根，枝攀缘着枝，叶覆盖着叶，摆出了扑朔迷离的阵式来。我国红树共有 16 科 29 种，东寨港就分布着 10 科 18 种，占国内红树种类的 60% 以上。东寨港红树品种主要有红海榄、木榄、尖瓣海莲、角果木、秋茄、白榄、海漆、海骨根、桐花树、老鼠勒、水柳、王蕊、海芒果等。

东寨港的红树林特别高大，且密密匝匝，互牵互绕形成约 6—10 米高的丛林，好像一条漫长的绿色长廊，保护着海岸免受海浪的冲蚀。红树林奇特秀丽、千姿百态，划小船进入红树林曲折的“长廊”犹如进入了一个迷宫，来到了一个梦幻世界。外国专家称这处自然保护区为“海上稀世森林公园”。

东寨港红树林千姿百态，风光旖旎。从海岸上举目远望，只见广袤无垠的绿海中，显露出一顶顶青翠的树冠。这些红树林长得枝

繁叶茂，高低有致，色彩层次分明。若沿港迂回观赏，可以清楚地看见每棵树头的四周都长着数十条扭曲的气根，达一米方圆，交叉地插入淤泥之中，形似鸡笼，当地人叫它“鸡笼罩”。

红树的根，其状令人惊叹！有的如龙头猴首，活灵活现；有的像神话中的仙翁，老态龙钟，颇具诗情画意。观看红树林景观的最佳时间是大海涨潮以后，划上一只小船驶入红树林区，四周全是一丛丛形态奇特而秀丽的绿树冠，中间是一长条迂回曲折的林间水道。涌动的海潮推着船儿沿水道幽然荡漾，忽左忽右，游人只见蓝海水和绿树冠，感觉到神奇的魅力像红树丛中的雾一样一团团涌过来，弥漫海面。东寨港红树林不但有很高的科研价值和观赏价值，而且还有很重要的实用价值。

红树林如同一道绿色的海上长城，有效地防止海潮大风对农田和村舍的侵袭，它的根深深地扎在泥土里，既可以保护泥土不被海潮冲走，又可以阻挡被雨水自陆地上冲刷下来的泥土。它的落叶掉入海水中，经过一段时间的腐烂，就转化成养分丰富的食料，供鱼、虾、螃蟹和贝类动物食用。在东寨港红树林中就生长着多种鱼虾、贝类，可供人们捕捞食用。

东寨港的螃蟹可与海南省的著名特产“和乐蟹”相媲美。此外，在东寨港栖息着众多的鸟群，其中有不少是珍贵鸟种，如小天鹅、雁、鹳、鹤等，还有海鸥、白鹭、水鸭等，这些鸟禽鸣啾枝头，喧闹对唱，把东寨港变成了一个名副其实的“鸟类天堂”。东寨港是中国唯一的红树林自然保护区，它以其独特的风貌为游客提供了一个良好的游览场所。